タンパク質の一生——生命活動の舞台裏

蛋白質的一生

認識生命科學的第一本書〔改版〕

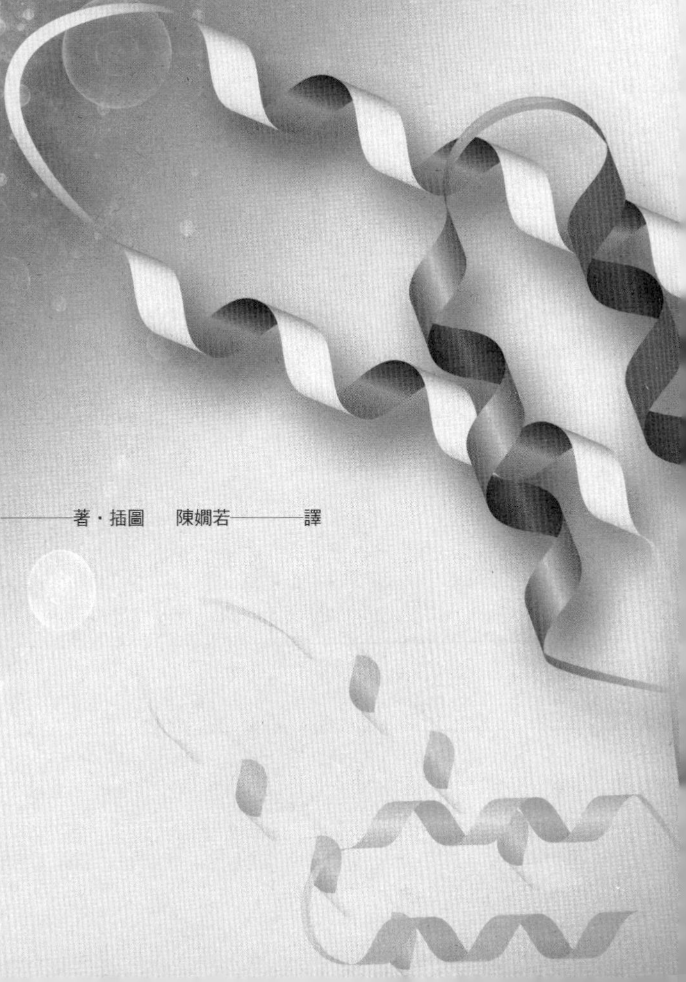

永田和宏——著・插圖　陳嫻若——譯

〈推薦專文〉分享科學進步的樂趣——我讀《蛋白質的一生》

林正焜

商周出版的黃靖卉總編輯，告訴我日本有一本科普書籍，二〇〇八年出版後蟬聯紀伊國屋不分類銷售排行榜前三十名好幾個月，指的就是本書。科普書進入不分類排行榜，代表的是日本科普的質與量都有傲人的成就，對長期耽於閱讀這類書籍的我而言，不禁欣羨不已。

科普市場反映的是一國的科技水準和國民的科學素養。經過多年的深耕易耨，日本的科學發展有目共睹，他們的成就絕非僥倖。本書能高掛排行榜，一方面固然是由於日本人熱切追求新知的讀書品味，另一方面，當然就是書的內容新穎有趣。本書作者是國際知名的蛋白質專家，更是和歌寫作的高手。有這樣的科學與文學素養，這本書受到大眾歡迎的原因也就有跡可尋了。

從書名《蛋白質的一生》，可以知道書的內容敘述的是蛋白質從生成到分解，一路所經歷的行旅紀事。蛋白質究竟是什麼？以人體來講，構成我們身體最主要的成分，是水，人體含水量高達體重的三分之二；其次就是蛋白質了，佔體重的五分之一。身上有那麼多蛋白質，我們不免要問，蛋白質究竟有什麼作用，有多麼重要？看看下列這些例子，就可以窺知一二。

為什麼我們會動？那是因為我們有肌肉，肌肉收縮牽動關節，人就動了，肌肉中會收縮的成分，是蛋白質。為什麼血液可以攜帶氧氣？因為血液含有大量血紅素，會依據環境條件捕捉或釋放氧分子，血管就成為氧分子流通的管道了，血紅素是一種蛋白質。為什麼我們對病原有抵抗力？因為我們有可以對抗病原的抗體，抗體也是蛋白質。蛋白質是骨骼的基質，骨骼讓我們有特殊的儀態；酵素、賀爾蒙、臟器、毛髮、指甲、皮膚等等的主要成分，也都是蛋白質。皮膚的光滑質感和彈性是哪一種蛋白質的效果？許多人知道的，膠原蛋白，那可是關乎美容、傳播媒體經常提及的名詞。身體要維持正常的功能，需要正常的蛋白質，有時候體內的蛋白質出了問題，人就會生病。甚麼樣的原因會讓身體的蛋白質出現問題？最直接的原因，當然就是構成蛋白質的成分不正確，也就是決定蛋白質組成的ＤＮＡ序列出錯，依據ＤＮＡ訊息製造的蛋白質自然不正常，就跟寫信的時候寫錯字、寫漏字，讓人不知所云，是一樣的意思。到這裡所介紹的，可以說是比較古典的蛋白質學問。新知，則是本書的特色，是已往大多數生命科學書籍比較少提到的。

蛋白質新知包括：

（一），構成蛋白質的胺基酸鏈，如何從原本一個接一個像一條金鏈子一樣的一長串，折疊成三度空間的機器？機器壞了如何維修？在這裡，**折疊**、**伴護者**、**逆境蛋白質**是重要的機制和分子。折疊是非常複雜的過程，宛如奇妙的大自然在細胞裡面打中國結，但是複雜得多，而且有一點點失手打造出來的機器就沒辦法運轉。伴護者是本書最重要的主題，作者正是這方面的專家。作者提出一個極端的例子，從某些蛋白質凝集後，再利用伴護者處理，可以讓蛋白質復活，推論到有一天水煮蛋可以變回生蛋，讓讀者產生遠颺的遐想。

（二），其次，合成好了的蛋白質一定要配送到正確的地方，才能發揮應該有的作用，就跟信寫好了要寄給正確的收信人一樣的意思。這是怎麼辦到的？這個過程，作者用淺顯的例子，說明運送有**明信片型運輸**、**包裹型運輸**兩種方式。

（三），再來就是蛋白質週期的控管，每一種蛋白質機器都有它特定的作用時機，任務結束就要退場。**泛素**、**自噬體**是分解蛋白質時會出現的角色。作為一種標籤，泛素是處理蛋白質不良品十分重要的蛋白質分子。

（四），最後，細胞必須管制蛋白質的品質，中止製造不良的蛋白質、回收壞掉的、老舊的蛋白質，這又是怎麼辦到的？原來是一種叫**作結合蛋白**（ＢｉＰ）的守護者，平常牢牢抓著分解機制的啟動器，一旦出現壞掉的蛋白質，守護者就會轉而抓住它們，試著修補，同時啟動分解機制，藉這個方式來管理品質。

對於上述種種有趣的新知，除非是專家，一般人在報章雜誌上看到這些字眼的時候，很可能就讀不下去了。本書的長處就是很仔細、很生動地介紹了這些名詞，讓外行人也能深入認識這些行話。古人說我們要多識於草木鳥獸之名，那是認識大自然最初步的工作。如今生命科學進展的腳步神速，我們也要多識於生命賴以運行的分子和機制之名，才能分享科學進步的樂趣，才能保持對生命最正確的看法，也才不會被充斥街坊、善於操弄新名詞的商品，騙得生活失去平靜。

蛋白質出了問題會造成嚴重影響生活的疾病。例如，近年來令人想到牛排心裡就有陰影的俗稱狂牛症的疾病，牽涉到的就是蛋白質品管機制的疏漏。我們身上原本就有正常的傳統型普恩蛋白，而染病的牛身上則有折疊錯誤的散發型普恩蛋白。傳統型遇見散發型，會受影響改變結構變成散發型，於是折疊錯誤的普恩蛋白越來越多，它們堆積在腦子的細胞裡頭，腦子就變得如海綿一般有許多空泡。現在科學家發現，利用一種稱為熱休克蛋白的逆境蛋白質，可以讓傳統型不再變成散發型，因此可能可以用來中止疾病的進行。又例如，一開始以僵硬、緩慢和顫抖表現的帕金森症，目前已經發現有七個基因的突變跟它有關係。這些基因產出的蛋白質，有的是拼錯了，造成蛋白質折疊不正常，有的則是泛素化出問題，也就是在腦細胞遇到逆境的時候，慌亂中細胞裡的蛋白質被折疊錯了，這時應該會有泛素過來跟折疊錯了的蛋白質結合，才知道那是要送去分解的東西。如果泛素化的基因發生突變，壞的蛋白質沒被分解而堆積在細胞裡，腦細胞逐漸死亡，就造成疾病。

從這些例子可以感受到，這些年來生命科學突飛猛進，讓我們對疾病發生的機制已經有比較新的觀念、比較詳細的說法了。我時常見到一些對疾病的成因很有興趣深究，卻苦於不知道如何著手學習的人；也常見到對生命科學充滿興趣，卻擔心自己太外行而無法入門的人。推薦給有一樣心情的讀者朋友，閱讀這本認識生命科學的第一本書，閱讀相關的科普書籍雜誌，會是很有收穫、很有趣的經驗。

（本文作者現為開業醫師，OneGene Biotech Inc. 同仁。科普著作有：《認識DNA》、《細胞種子》、《性不性，有關係？》，其中《細胞種子》榮獲二〇〇六年中國時報開卷十大好書獎、《性不性，有關係？》則榮獲第五屆吳大猷科學普及著作獎創作類金籤獎。）

目錄

第5章 輪迴轉生：「死」是為了維持生命

第6章 蛋白質的品質管理

後記

〈前言〉細胞中的工作者，蛋白質

聽到「蛋白質」這個詞，你首先會聯想到什麼？或許很多人會聯想到，它是牛奶、牛肉、豆腐等食品裡含有的營養，或者也有讀者會想到市面大力宣傳，具有「美膚效果」的膠原蛋白。

不過，並不是只有牛肉和大豆含有蛋白質，我們人體有百分之六十到七十是水分，約有百分之二十是蛋白質。構成我們身體的蛋白質，由二十種胺基酸排成一列，而非分枝衍生而成的。我們從食品中攝取的蛋白質，會分解成它的構成要素——胺基酸，然後再讓胺基酸連結起來，產生蛋白質。這個循環本身就是生命活動的根本，而蛋白質則是支持人體最重要的物質之一。

常有人說：「人體就是個宇宙。」但我們從幾個數值更能切實體會這句話。細節在後面的章節中再談，這裡我們先來看看三個問題。

第一個問題是關於細胞。我們人體，是由「細胞」所構成，這一點我想大部分讀者都已經知道了，但你可知身體是由幾個細胞組成的呢？答案是約六十兆個。這個數字太大了，實在很難想像。比如說，平成十九年度的日本國家總預算，一般會計預算約為八十兆圓。這個數字也同樣沒有真實感，但如果把這筆金額換成一萬圓鈔票，每束一百萬圓為一公分，那麼就有八百公里，相當於兩百座富士山的高度。若是排在地上，約為東京到下關的直線距離。

每個不同種類的細胞大小也不相同，大約為十至二十微米，一釐米的百分之一到五十分之一的程度。依此數據，假定一個細胞是直徑為十微米的球，而將全身上下的細胞排成一列的話，長度就有六十萬公里。可以確定的是，我們每個人身體中，都塞滿了這麼多細胞。

除去紅血球之外，我們的細胞，每個都各自含有「核」的部分，核中儲存著「DNA」。現在大家都知道DNA保存著遺傳資訊，但DNA儲存父母傳遞給孩子的遺傳資訊，也是身體的設計圖，但簡單地說，它就像一條很細的線。為了在任何時候都能完整讀取這個資訊，所以它採取不分枝的一條線構造，使情報得以完整傳達。DNA的線以四十六個染色體，藏在細胞核中，但如果把一個細胞裡所含的DNA連結起來，拉長成一條線的話，約有一點八公尺長。也就是說，僅僅百分之一釐米大小的細胞，位於其中的核裡，事實上擠滿了與自己差不多高的DNA。

那麼，接下來是第二個問題。一個人身體中的DNA，如果連結成一條直線的話，大概會有多長呢？算法很單純，用乘法將一點八公尺乘以六十兆，就會得到一千億公里。這已經不是國家預算可以形容，而是地球到太陽來回三百圈的長度。由此可知，我們的身體裡擁有一組天文數字，細胞雖然只是個渺小的生命單位，其中卻有著宇宙級的數值，的確可以叫它「微小宇宙」（micro cosmos）。

大約在二十年前，我無意間讀到一本書，是本庶佑先生寫的《遺傳子述說的生命像》。裡面有一段便提到DNA的長度。雖然只是一個大略的數字遊戲，但它充滿了新鮮和驚奇，從中窺見了生物本身的神祕。

近日，中小學生自殺或年幼小孩遭虐致死的案件時有所聞。尋求有效的預防方法，乃是國家緊急的議題。但從個人的角度，我認為與其重複一百次生命的重要，不如告訴大家我們體內DNA的神奇長度，是否可能更為有效。

人類是身高不及兩公尺的動物，而從地球的規模來看，我們存在的時間也只不過百年，真的是極其渺小、微弱的存在。但是我們這個微小的存在，一方面卻在微量中連接了巨量，形成了偉大的宇宙。一副人體實際上擁有六十兆個細胞，從父母身上繼承的DNA連接起來，有地球到太陽來回三百次的長度。如果從這個觀點重新檢視的話，這樣低微、渺小的「自己」，或許就能稍微切身地感受到輕易尋死，或虐待幼兒，是多麼荒唐無稽的事。生命的重量，不是用理智去了解，而是憑感覺去體會，所以藉由本書後面的敘述，期待各位或許可以在接觸生命的奇妙結構後，很自然地理解它。

最後，是第三個問題。在細胞的微小宇宙中，又含有多少蛋白質呢？答案也很天文。六十兆個細胞裡，據說每個細胞都有八十億個蛋白質。而且這八十億個蛋白質，並不是產生之後就結束了，它還會反覆地分解和生成，進行新陳代謝。至於它的生成速度，有人計算過，最活躍的細胞一秒鐘可生成數萬個。百分之一釐米大小的細胞，每一個細胞為了生存，就需要八十億個蛋白質。

六十兆個細胞中，每一個每秒鐘都以驚人之勢不斷合成蛋白質。我們一般不會意識到這件事，但就因為它們在我們渾然不覺間祕密地辛勤工作著，才有我們的存在。

所以，就如本書後面將提到的，唯有如此生成的種種蛋白質，才能全面支持微小宇宙的生命活動。反言之，了解蛋白質，才能夠明白「生命」的存續。說到蛋白質，一般人都會立刻聯想到牛、豬等肉類，或是大豆等植物性蛋白質等食物。但是，蛋白質不僅是重要的食物，也是在所有比細胞更小的分子當中，維持生命最重要的工作者。各種疾病也都多多少少與蛋白質相關；有時候是缺乏生命活動中所必須的蛋白質發生異常，而使正常的生命活動無法繼續，又或是身體中累積異常的蛋白質。另外也有些時候，異常蛋白質累積，會像阿茲海默氏症或傳染性海綿狀腦病（如狂牛症）一樣，損害我們的神經細胞。毋庸置疑，蛋白質是我們生命活動中的主角。

生命科學，即所謂 Life Science，這個詞已是一般人都很熟悉的字眼，它是一種以負責生命活動的分子為對象，解開該分子如何運作，生命活動如何進行的學問。本書是就現代生命科學的根基——細胞生物學的範圍來說明，但是，筆者並未打算只將它寫成細胞生物學的教科書，而是想把焦點放在生命活動的主角——蛋白質，與讀者們一起體驗每個蛋白質誕生、成長、成熟、老化，以至死亡等，如同人生般的連續劇。進而來談談最近極受矚目、可說是蛋白質本身的病變——異常蛋白質的生成，以及細胞如何早一步發現異常、對應那種異常狀態的危機管理能力。當這種危機管理系統出現漏洞，無疑就會直接通向生病一途，因此我也將把重點放在細胞內的蛋白質品質管理系統，與形成其漏洞的疾病。

在本書中，第一章將會簡單說明蛋白質的工作場所——細胞，這部分包含高中程度的生物學複習，因此不熟悉生物學的朋友，務請不要錯過。第二章，我們將要看看在DNA中的遺傳訊息基礎下，蛋白質如何合成的機制；以及它合成之後，各種蛋白質形成了什麼樣的構造。關於蛋白質的成長、成熟機制，我們會在第三章說明，它可說是蛋白質一生中的青少年期。

蛋白質光是形成還不行，如果沒有配送到正確的地點，它仍舊無法發揮功能。

因此，我會在第四章談談貼在蛋白質身上的名牌，標示它將配送到哪裡去；並認識配送的目的地，以及揀選機構。如果用人的一生來類比，就是通勤和轉車的部分吧。

經過正確合成、運送到正確位置的蛋白質，在充分發揮功能之後，終於也要面對壽終正寢的時刻。第五章裡，我將說明蛋白質死亡時如何分解的過程，也就是蛋白質的後半生、退休、老年到死亡的情況。

我們人體內，每天都會有大量的蛋白質生成，並且經常在分解。其中當然也會生成錯誤的蛋白質，有時也必須清理製造過剩的蛋白質。在第六章中，我們將來談談蛋白質生產現場的品質管理機制。在人類社會中，常因不良的食品或醫藥品品質管理，而形成種種社會問題。但我們每個細胞的內部，都有非常完美的機制在運作，並令人聯想起人類社會的品質管理機構，而且這個機制不會發生欺瞞、馬虎，甚至竄改等情事，它們認真切實地檢查蛋白質的品質，並運用再生、分解等來應對。

不過一旦這個品質管理出錯，生產大量的壞品，而無法適切地處理應被廢棄的蛋白質時，人體就會產生種種疾病。和人一樣，蛋白質的疾病也經常發生在老年，但疾病也可能在年輕時期，或幼年時期就發病；此外，蛋白質在誕生時，也有極精密的品質管理系統在運作。

隨著這幾章的介紹，您將能認識蛋白質的一生。我們身體裡數萬種蛋白質中，壽命短的僅僅只有數秒，但壽命長的，可以持續工作數個月。蛋白質其實是十分有個性的個體。我希望能在時時記住其多樣性的前提下，來談談其普遍性的一生。

第1章 蛋白質居住的世界

細胞這個小宇宙

常見的蛋白質

說起日常看得見的蛋白質，請先想想牛肉、豬肉、雞腿等食物類的蛋白質吧。肉類可以說是大塊的蛋白質。肌肉主要的成分稱作肌動蛋白和肌凝蛋白，是肌肉進行收縮運動時必須用到的蛋白質。尤其是肌動蛋白，它很容易從動物的肌肉中抽取、萃取，所以從很久以前便對它有所研究。

豚骨拉麵等食物中，燉煮大骨熬出來的湯汁，一旦冷卻後就會凝結，這些凝固物中，含有大量的膠原蛋白成分。你可能知道膠原蛋白在女性美容效果的那一面，但膠原蛋白在構成我們身體的所有蛋白質中占三分之一，其實是體內含量最多的蛋白質，所以從很久以前便有研究。膠原蛋白是細胞製造出來的蛋白質，但它被分泌到細胞之外，成為細胞外間質，角色像是細胞的「坐墊」，填充細胞與細胞之間的空間，位置非常重要。

那麼，只有牛、豬等動物的骨頭和肉裡含有肌動蛋白或膠原蛋白嗎？當然，答案是否定的。我們人體的肌肉與動物一樣，含有大量的肌動蛋白。不只是肌肉，幾乎所有的細胞都含有肌動蛋白。就像肌肉的作用是讓我們的身體可以行動，肌動蛋白藏在大量的細胞中，也同樣負起細胞運動的工作。把細胞從動物體上抽離出來，放在培養皿上培養的話，就可觀察到它像阿米巴原蟲一樣蠕動。肌動蛋白不但與細胞運動有關，在細胞內的物質輸送上，也負有重責大任。

我開始研究的時候，科學上已開始明瞭，細胞運動與肌動蛋白、肌凝蛋白等蛋白質有關。尤其是肌動蛋白，不只在細胞運動上發揮功能，也擔負著梁柱的功能，成為細胞的骨骼，保持細胞的形狀。我當時著手於白血病細胞運動的研究，從白血病細胞萃取出肌動蛋白。剛開始，是從五毫升開始培養，每天增加培養液，讓細胞增殖，最後卻得用兩手才能合抱的十公升瓶繼續培養。從最初的培養開始，花上十天以上，就能成為三十公升的培養液，從中得到一百億個白血球細胞。將那些細胞擠破，就能從裡面汲取到肌動蛋白。當時，從哺乳類細胞萃取出肌動蛋白的報告，全世界只有一例。而在日本，從肌肉之外的哺乳類細胞，而且是血球細胞裡萃取而提出報告的，我應該是首例。現在這種技術已經不再稀奇，但我有個小小的自傲；因為在科學的範疇，就是那種微小的開始，激勵著科學家日日埋首於實驗中。

不論是肌動蛋白或膠原蛋白，都是人體內重要的蛋白質，但事實上，不只是人體或牛等哺乳類，更下等的生物也擁有它們。比如，魚就不用說了，連海膽，或是果蠅，都有報告提出牠們擁有幾乎同樣的肌動蛋白。而且，後續會提到，這些蛋白質都具有極相似的性質。

蛋白質的元素「胺基酸」

首先，我們來確認一下，蛋白質的基本構造到底是什麼樣子。所謂蛋白質，用最簡單的說法，就是「一列連結在一起的胺基酸」。物質的基本構成單位是「原子」。原子集合起來，具有一定功能的最小單位是「分子」，而胺基酸就是構成蛋白質的基本分子。

胺基酸並不是什麼原子都能製造的，只有氮（N，以下的括號內，都是原子記號）、氧（O）、碳（C）、硫（S）和氫（H）五種能製造。在我們身體裡，蛋白質是由二十種胺基酸組成的，但只有這五種原子集合在一起，才能製造出胺基酸。

胺基酸是含胺基（—NH$_2$）和羧基（—COOH）的化合物總稱。無論哪一種胺基酸，它的基本結構都不變（圖1-1）。但是，每種胺基酸都有構造略微不同的「殘基」（圖中以R表示），因為

胺基酸①　　胺基酸②

$$H_2N-\underset{\underset{H}{|}}{\overset{\overset{R_1}{|}}{C}}-COOH \quad HN-\underset{\underset{H}{|}}{\overset{\overset{R_2}{|}}{C}}-COOH$$

$$\downarrow H_2O$$

肽鏈

$$H_2N-\underset{\underset{H}{|}}{\overset{\overset{R_1}{|}}{C}}-\overset{\overset{O}{\|}}{C}-\underset{\underset{H}{|}}{N}-\underset{\underset{H}{|}}{\overset{\overset{R_2}{|}}{C}}-COOH$$

肽（①+②）

圖 1-1　胺基酸的基本構造

24

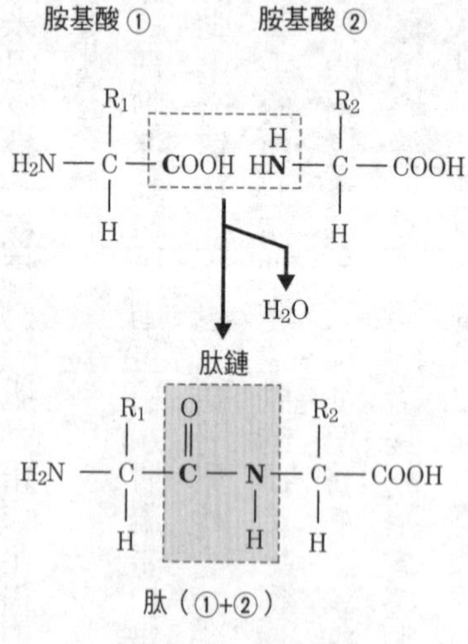

殘基的不同，所以每種胺基酸都具有不同的性質。

一條「鏈」

如圖1-1所示，二十種胺基酸都以肽鏈的形式不斷連接延伸。我們想到蛋白質的「形狀」，也就是結構時，重點在於胺基酸是「一條不分枝的鏈的連結」。後面還會詳述，蛋白質是用所有DNA裡的遺傳訊息設計出藍圖所製造出來的。DNA的遺傳訊息會指揮胺基酸排成一列，也就是它的序列。

DNA內的密碼附在長鏈中，這些密碼被讀取後排列出二十種胺基酸。這訊息的來源DNA既然是一條長鏈，以它為基礎合成的胺基酸，自然也是一條鏈。如果DNA在中途分枝的話，父母的遺傳訊息，便可能出現在傳遞到孩子的途中變調的危險性。DNA內組合的密碼是一次元的，從為遺傳訊息嚴格把關這點來看，也具有重大的意義。

種類數算不盡的蛋白質

如果用一句話來形容蛋白質，就是它的種類可達數萬。然而它的素材胺基酸明明只有二十種，它是怎麼做出這麼多種組合的呢？

我們試著用十個胺基酸連接而成的蛋白質來思考吧。將二十種東西組合成十個時，就算單純的計算，包含順序的組合也有二十連乘十次，也就是二十的十次方。因此約有可能合成出十兆個蛋白質。說得再詳細一點，只不過十個胺基酸組成的東西，一般不叫蛋白質，因為許多蛋白質都是由一百到五百個胺基酸連接而成的。在此不必再重新計算二十的五百次方，便可以體會到，就可能性而言，它們將能合成出成千上萬種蛋白質吧。順道一提，剛才說過的肌動蛋白，是由四百餘個胺基酸連結而成，至於膠原蛋白，更是一千個以上的胺基酸連結而成的鏈子，三條鏈呈螺旋狀聚集，形成一個分子。

細胞骨骼、酵素也是蛋白質

成千上萬種蛋白質各自都在生命維持機制中，有著獨立的作用。我們就來看看為細胞與組織結構製造形狀的蛋白質吧，這些算是最容易想像的功能。我們身體中數量最多的蛋白質是膠原蛋白，但就如剛才所說，它是一千個以上的胺基酸形成三條長鏈，呈螺旋狀互相纏繞的構造。分泌在細胞外之後，三條螺旋就會成為一束，製造出細長的膠原蛋白纖維（圖1-2）。膠原蛋白與其他數種蛋白質聚集起來，製造出所謂細胞外間質的細胞外環境，形成結締組織。此外，膠原蛋白中的某種成分，還

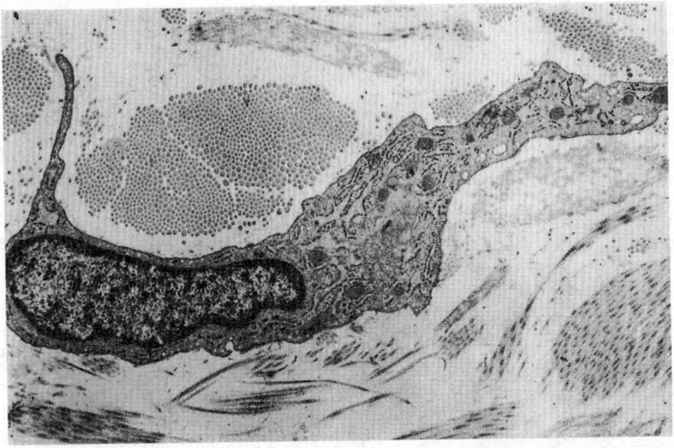

圖 1-2　細胞與膠原蛋白纖維（圖取自藤田恆夫、牛木辰男《彩色版細胞紳士錄》〔岩波新書〕）左上方是膠原蛋白的纖維剖面，右下是斜切的側面。橫亙中央的叫做纖維芽細胞，是產生膠原蛋白的細胞。

要製造一種特別的膜構造，叫作基底膜。基底膜對於製造所有組織與器官表面的上皮細胞十分重要。比如說血管，血管的結構由上皮細胞——即血管內皮細胞來製作，但覆蓋在血管內皮細胞外側的，便是基底膜。如果少了它，血管容易破損，生物便無法生存了。

說到支撐形狀，也就是扮演梁柱功能的纖維，也是細胞內側非常重要的一員，它被喻為細胞的骨骼。這細胞骨骼的主成分之一，就是肌動蛋白。形成細胞外間質或細胞骨骼等，負責支持細胞及組織的蛋白質，我們叫結構蛋白質（structural protein）。

「酵素」這個名詞現在已十分大眾化，它也是蛋白質的一種。在生物體內，單純的分子合成為複雜的分子，複雜的分子分解成單純的分子以獲得能量，經常進行物質的轉變。這一般稱之為「代謝」，而體內為了使包含代謝反應的多種代學反應能夠順利進行，就需要酵素來當觸媒。

比如，當我們從事激烈運動時，吃一點焦糖或冰糖等甜食，就會感到精力充沛。從化學上來說，這是經由分解葡萄糖等糖分，製造出能量之源「ATP」（adenosine triphosphate，腺苷三磷酸）分子所產生的反應。但只把葡萄糖當作食物攝取，並不能進行這種反應。必須由十幾種酵素，按一定順序發揮觸媒的功能，把葡萄糖再分解成別種低分子（尺寸更小的分子），然後產生能量。從葡萄糖到人稱「能量貨幣」ATP之間的代謝反應，每一階段都由不同的酵素擔任觸媒。我們人體內，有數不盡的「代謝反應」產生，來維持生命，十之八九都靠蛋白質擔任酵素，讓這些反應能有效進行。

進而，像前述的細胞骨骼等結構蛋白質，或充當酵素的蛋白質，是由更多其他種類的蛋白質來幫助它們形成的。關於這部分，我會在後面詳述。當然，不管是DNA、RNA、脂質、糖或ATP等，在體內工作的絕大多數分子的產生過程中，主角除了蛋白質之外，沒有第二人選。

專業的蛋白質

蛋白質既能製造出物質或能量，也能使喚ATP，從事維持生命所必須的種種「工作」。我們舉幾個例子來看看吧。

如同第四章我們會再詳述的，細胞中種種的物質必須輸送到各處，因此細胞內有些基礎結構會達成這個目的。細胞中有類似軌道的結構，軌道上有一種馬達蛋白質，可以背著貨物運行。而且，這種軌道有方向性，分上行和下行，還有上、下行專用的兩種馬達。兩者各司其職，所以一條軌道上可巧妙地進行兩方向的物質輸送。而在細胞內輸送的架構中，不論是製造軌道或馬達，全是蛋白質的工作。

另外，不只是物質的輸送，像是訊息的傳達，也是維持生命不可或缺的重大工程。從受精開始發生的過程中，包括細胞的分裂、從受精卵分化成種種體細胞的指令，一切都是由蛋白質負責的訊息傳達系統在控制的。在訊息傳達方面，通常蛋白質會像接力賽那樣，按順序經過數個階段來傳達訊息。在這種狀況時，蛋白質身上會附加磷酸基，即所謂的磷酸化，藉此激活位於傳達訊息路徑下游的蛋白質，維持不斷傳達訊號的系統。

在這樣的分化過程中，決定了胎兒的性別。受精卵是雄是雌，眾所周知是靠X

染色體和Y染色體，也就是性染色體的組合來決定的。擁有兩條X染色體為女性，X染色體和Y染色體各有一條者為男性。但是，其實在受精後的七星期內，都還處於男女不明的狀態。直到第八週，雌雄的區別才顯現，實際上，它是由性別決定基因（sex determining regiony，*SRY*）所合成出的特定蛋白質來決定的。一開始發生為雌性的胎兒，會因為特定蛋白質而變成雄性。初始都是雌性。免疫學家多田富雄發現了這種現象，因而發表了一句名言：「女人是『存在』，男人只不過是『現象』。」

而人類的終點「死亡」，也是由蛋白質來支配。細胞有一種自己會打開死亡開關的機制，叫做細胞凋亡（apoptosis），換句話說，就是細胞自殺。Apoptosis這個字源自希臘語，原本是枯葉從樹上落下之意。雖然從能量效率面來說，我們會希望細胞越長壽越好，但另一方面，如果細胞變老卻永遠存在，也會產生很多問題。又如在胚胎發生的平台上，如果特定細胞不死去、清除的話，就會出現問題。比如說，人類的胎兒剛開始像兩棲類的青蛙一樣，是有蹼的。但隨著發育進行，相當於蹼的膜細胞，便會因為細胞凋亡而死去、脫落。而掌管細胞凋亡的，實際上是蛋白質。但這個細胞凋亡的反應，若是失控混亂，也會產生大麻煩，所以它的開關分成好幾段，謹慎而嚴密地控制著。其反應與掌控凋亡的蛋白質慢慢往下游激活的反應有關。

我們可以約略窺見，蛋白質是掌控細胞或個體一生從發生到分化、死亡的重要物質。蛋白質雖然與細胞、個體的一生息息相關，但它也有自己的一生。蛋白質也像人類一樣，有誕生、有成長，並且在工作與轉運之後，迎接死亡到來。就像〈前言〉所提到的，本書鉅細靡遺地陳述蛋白質的一生，也想一窺蛋白質所成就的微小宇宙——生命活動的舞台底下是什麼狀況。

走過蛋白質一生，不知不覺會把焦點對準命運多舛的蛋白質吧。從人生正道上脫軌而去的蛋白質，往往會給宿主細胞和個體帶來不好的影響。有關那方面的疾病，我們也知道了幾種。而我們從蛋白質異常行徑所產生的種種病態，也可以明瞭細胞和個體為了保護自己，預備了一套完美的系統來貫徹蛋白質的品質管理。

細胞生物學

生命科學的研究領域，如圖1-3所示，主要是以研究生命活動的分子為中心，包括了結構生物學、生化學、分子生物學、分子遺傳學等。而在研究組織或個體的生命活動，或由其產生之病態等範疇，則有免疫學、病理學、胚胎學（發生學）等。其中，研究種種的功能分子——尤其是蛋白質——在細胞的「場域」中如何工作來維持生命活動的學問，就是細胞生物學。所有生命活動的最小單位是細胞，所有的分子被放進細胞這個「場域」中，其功能便有意義。這麼一想，細胞生物學可以說是

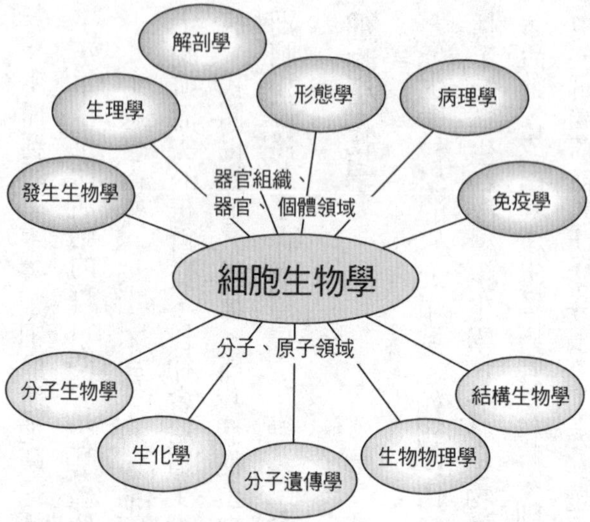

圖 1-3　細胞生物學與其他領域

生命科學最基礎的學問，也是連貫分子與個體的學問領域。我的專業領域就是細胞生物學，我的研究對象便是後面會詳述的，與蛋白質一生密不可分的蛋白質群，叫做分子伴護蛋白。

在「前言」中談及，我們人體由約六十兆個細胞組成。這六十兆個細胞，可分為眼的細胞、皮膚的細胞等約兩百種。而其中有些細胞的體積非常之大，就像神經細胞，最長的單個細胞，長度可達一公尺，它穿過脊椎當中，連接大腦和末梢組織。但大部分都只有十毫米到數十毫米左右。從分子的角度去理解這千百萬個細胞內部或外側發生的事情，研究它的機制，便是細胞生物學或分子細胞生物學的領域。

那麼在本章接下來的部分，我們來看看細胞這個小宇宙，到底是什麼樣子。

細胞的條件

為了要成為細胞，細胞必須具備兩個條件。第一，它必須是由膜包圍的獨立個體；另一個則是它能以自己的密碼複製自己。「生命是什麼」這個問題當然很難回答，而且有各種不同的答案。但剛才那個答案，可能是說得出來的答案中，最正確的生命定義吧。像病毒，便難以判斷它是否為生命，有些研究的科學家認為，病毒是借他人之手來進行複製，所以不能叫做生命。但像大腸菌那樣的細菌，它可以靠自己不斷增殖，所以不妨說它是個很明確的生命。

細菌的增殖速度非常驚人，以大腸菌來說，二十分鐘分裂一次，所以培養一晚，一個大腸菌可以增殖到數百億個，由此可見傳染病的可怕。關於這一點，我會在後面的章節再來細談。

生物體的階層結構

不管是動物還是植物，所有的生物個體都有各自的階層性（表1-1）。為了解開生物體內一個又一個的機制，了解它發生什麼事，就必須先掌握它的階層結構。

每個學問的領域，對於何者為「最小的要素」定義不同，但在細胞生物學中，大多將「分子」視為基本。原子聚集構成了分子，而生命活動的主角們——蛋白質、核酸、脂質、糖，還有前面提到的ATP等，全都是分子。

脂質排列成兩層，裡面包含了蛋白質，四周形成區隔用的細胞膜（參見一一八頁）。一個脂肪細胞中，首先有個細胞核，它是遺傳密碼的保存處，也是密碼的發訊中心。此外，它還包括粒線體、內質網、高爾基體、葉綠體等的多種細小裝置，稱之為「胞器」。在細胞膜區隔下，具備核和胞器者，叫做「細胞」。包括血液細胞、神經細胞、肌肉細胞、生殖細胞等，先前也提到細胞約有兩百多個種類。

細胞集合起來形成的東西，叫做「組織」。組織也有很多種，像是結締組織、上皮組織、神經組織等。大家對神經組織可能比較有印象吧；上皮組織就是包覆在器官最外層的細胞，形成胃、腸等表面的細胞，和皮膚細胞等都包括在內。

比組織更高一層的概念是「器官」。所謂的器官與我們所說的五臟六腑（心臟、肝臟、脾臟、肺臟、腎臟，以及大腸、小腸、膽、胃、三焦、膀胱）的概念相當。一個器官會有個完整的形狀，各自具備固有功能。於是，將這些器官和組織結合起來，就形成了一個生物體、個體。

表 1-1　生物體的階層結構

個體	
器官	心臟、肝臟、腎臟等、根、莖、葉、花等
組織	締結組織、上皮組織、神經組織等
細胞	血液細胞、神經細胞、肌肉細胞、生殖細胞等
胞器	粒線體、內質網、高爾基體等
分子	蛋白質、核酸、脂質、ATP 等

動物、植物都有

生物體的構造，或是細胞的基本結構，不僅是人體，所有動物、昆蟲和植物都是相同的。有人會疑問：植物應該不同吧？實際上，基本的構造、合成蛋白質的系統，幾乎都是相同的。當然，植物也有生殖細胞，花粉便是。說到有什麼不同的話，植物的細胞在最外圍的膜以外，還多了一層「細胞壁」，固定每個細胞位置，而製造能量的胞器，則包括動物也有的粒線體，以及能利用光的能量的「葉綠體」。

細胞的構造

關於（動物）細胞的構造，可參考圖1-4，了解其大致的樣貌。若要說明每個部分的功能，恐怕會沒完沒了，所以這裡只就與蛋白質生成相關者為中心，列舉出幾個。

首先，最引人注意的結構體，便是蘊藏了基因的「核」（細胞核）。細胞分為核心和其他的「細胞質」，核以外的部分，全

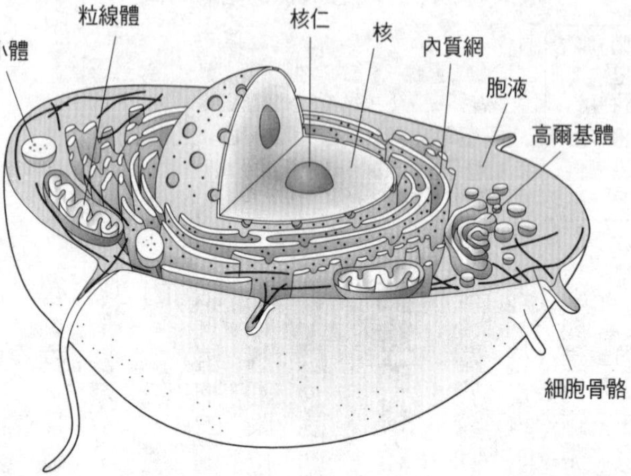

圖 1-4　細胞的構造

部都叫細胞質（參考圖1-5）。

核是細胞中最大的構成元素。在核的最外側有一層「核膜」，上面的小洞稱為「核孔」。細胞製造的蛋白質，有的在核內工作，有的在核外。它們通過核孔進出；體積小的蛋白質可以自由通過核孔，但大到某種程度的蛋白質就無法通過。事實上輸送到核中的蛋白質，自身被賦予一個「到核心去」的指令，該蛋白質中還有另一個從核出去到細胞質的指令。依據這些指令，蛋白質便會輸送到核內外。

細胞核最重要的功能，不外乎是作為含有遺傳訊息的DNA貯藏場所。細胞分裂時，DNA必須增加為兩倍，因此，它也是複製DNA的地方。此外，當受到紫外線照射，使DNA受傷而置之不理的話，將會導致癌症等病變，所以，它也是修復傷口的機構。修復是在細胞核進行。

另一個非常重要的功能，就是複製DNA訊息。只保存DNA，並無法合成為蛋白質。先要從細胞核這個巨大的訊息儲存裝置，將訊息錄在可以從核取出的錄影帶上。這個錄影帶就相當於RNA，人稱信使RNA（mRNA），這個作業叫做轉錄。簡單一點說，就是從母帶拷貝下來。更詳細的解說，請看下一章。

製造蛋白質的內質網

細胞核以外的細胞質，分為剛才少許提到的「胞器」與「原生質」（細胞質液）（圖1-5）。

其中，對蛋白質合成至為重要的，是原生質和接近核心的網狀組織「內質網」。內質網製造分泌到細胞外的蛋白質，和在膜內的蛋白質；其他的蛋白質由原生質合成。在內質網中，不斷進行蛋白質的合成，所以網內的蛋白質濃度極高。一般細胞可能沒有這麼明顯，但像會製造澱粉酵素等消化酵素，或其他種種酵素的胰臟，它的內質網就不只限於核附近，在原生質中也十分發達。內質網表面附著了一種裝置，用來製作一種叫核糖體的蛋白質，在核糖體合成的蛋白質，會直接輸送到內質

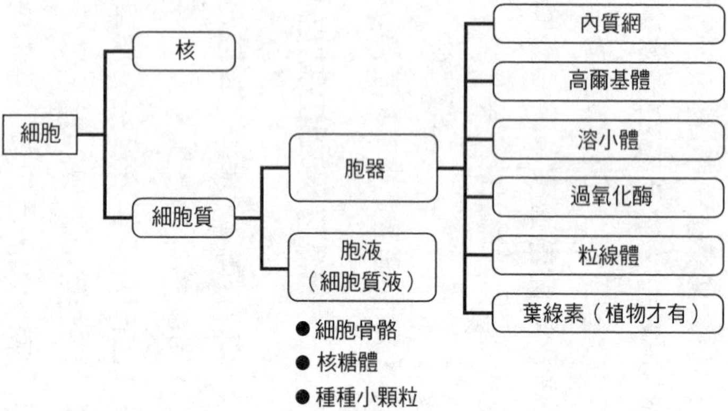

圖 1-5　細胞構造的分類

網內部。在內質網形成正確結構，或是接受修飾的蛋白質，會從內質網再被送到「高爾基體」，再由高爾基體傳送到細胞外。這條蛋白質輸送路線，就叫「中央分泌系統」。

胞器中還包括分解蛋白質的場所——「溶小體」，以及分解毒性物質的「過氧化酶」。舉例來說，若我告訴大家，我們能量的來源「氧氣」具有毒性，大家一定會嚇一跳吧。氧氣是我們呼吸必要的分子，但實際上，它對細胞而言，卻是具有毒性的。你可能聽過「活性氧」這三個字，因為人們將它宣傳為「老化的大敵」。活性氧便是具有強烈反應的氧分子之一。活性氧之類的毒性物質，便由過氧化酶分解。

粒線體

接下來，我們來看看胞器中最令人感興趣的物質之一——粒線體吧。簡單說，粒線體就像植物中的葉綠體一樣，是製造能量的「發電廠」。它可以合成ATP，即細胞的能量貨幣。如圖1-6所示，粒線體由外膜和內膜兩層膜所包覆，內部被突出的嵴隔成一個個小房間。粒線體（mitochondrion）的mito原本是「線狀的」，chondrion則是「粒」的意思。因此是從乍看起來像條線來命名的。我們平常將葡萄糖當成能量的來源，糖分解後，在粒線體有效率地轉化為ATP。

推理電視劇經常可見的一個重要元素——氰酸鉀，便以其劇毒的特性而廣為人知。而氰酸鉀中毒時，是因為氰酸與粒線體的酵素——細胞色素過氧化酶（cytochrome c oxidase）結合，阻止該酵素的功能，因而引發致命的中毒症狀。這種細胞色素系統的酵素，是ATP生成時所需的酵素，中毒後，ATP無法合成，因而令組織呼吸麻痺，成為死亡的原因。

共生細菌變成粒線體

粒線體為什麼有趣呢？因為它和細胞的進化歷史有很深刻的關係。學者認為，

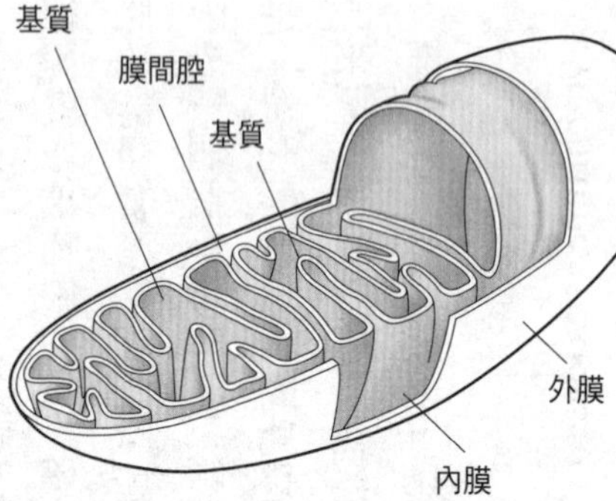

圖 1-6　粒線體的構造

粒線體原本是數億年前侵入我們祖先細胞，卻安然共生的細菌。也就是說，回溯到起源，它根本是另一種生物。

粒線體具有自己的基因，在內部獨自合成蛋白質，甚至還自行讓它分裂，形狀也可聯想到細菌，是一種令人想到人類起源的有趣胞器。由瀨名秀明所寫、曾獲日本驚悚小說大獎的暢銷小說《寄生夏娃》，其創意即來自「數億年前寄生在人類細胞中的粒線體」，故事是說長年以來躲在人類細胞的底層，連自己主體性都已岌岌可危的粒線體，在某一時刻，決定向宿主的人體細胞（小說中是人類）展開復仇。這本書也已經拍成電影了。

人的基因是由來自父親的精子和母親的卵子合而為一所形成的。所以孩子繼承了兩者的特質，但經由雙親DNA的重組，DNA

的序列會產生非固定的變化。然而，雖然同樣位於人類的細胞中，粒線體的基因卻只接受母方的遺傳，是完全的母系遺傳。總之，不論是男性或女性，他們的粒線體都只遺傳自母親。父親的粒線體並不會傳給兒子。因此，它幾乎沒有任何重組，以幾乎不變的形狀不斷遺傳下去。但另一方面，粒線體裡並沒有DNA複製時產生的錯誤，即變異的修正系統，發生的變異容易累積。由於變異會隨時間按一定比例產生，所以追溯粒線體基因的變異，可以找到母方的根源。經由探索人類根源的推進，也因此推斷非洲是全人類的起源地，而在約二十萬年前，產生現在各人種的分歧。這是美國加州大學柏克萊分校的R.肯恩（R. Cann）和A.威爾森（A. Wilson）的研究，發表於一九八七年《自然》科學雜誌，而那個位在二十萬年前分歧點的女性，被稱為「粒線體夏娃」。

細胞的進化

那麼，具體來說，細胞是如何進化的呢？我們簡單地來看看。

最古老的細胞是「原核細胞」，它具有DNA，卻沒有細胞核，學者認為那是某種原始的細菌。這種原始細胞，現在雖已不復見，但原核細胞不帶核的狀態卻一直保留到現在，其中包括「archaea」（古細菌）和真細菌。古細菌指的是在溫泉或海底火山的噴火口等一般生物不會棲息處生存的細菌群。即使在九十五度以上的高溫，或是深海完全沒有氧的嚴苛環境，它還是能利用硫黃生存下去。真細菌，就是指我們身邊一般的細菌，比方說大腸菌就是典型之一。志賀氏桿菌、霍亂菌、結核菌等病原微生物也包含其中。雖然名稱上容易造成混淆，但從進化的途徑來說，學者認為真細菌形成得較古老，古細菌反而較新。

從這些原始細菌中，某一刻產生了有核的「真核細胞」，細胞膜是一種如同泡泡膠般柔軟的膜，它們很容易就塌陷，或是互相融合。就如圖1-7下段，因為某種原因產生塌陷，塌陷不斷進展，最後融合在一起，細胞中形成了被兩重膜包裹的部分，那就是細胞核。沒有核的細菌，DNA是藏在原生質中，而有核的真核細胞，將DNA集中儲藏在核，所以DNA的分裂和複製也變容易了。

共生關係的建立

如此形成，並且成為我們祖先的原始真核細胞，恐怕由於地球上最初並沒有氧氣，所以並未具備利用氧氣的系統。然而，後來藍綠菌（Cyanobacteria）的其中一種不斷增殖，這種菌類有進行光合作用的能力，因此地球的氧氣才逐漸增多。現在地球上的大氣約有百分之二十是氧氣，利用氧氣者可以獲得效率高幾十倍的能量，所

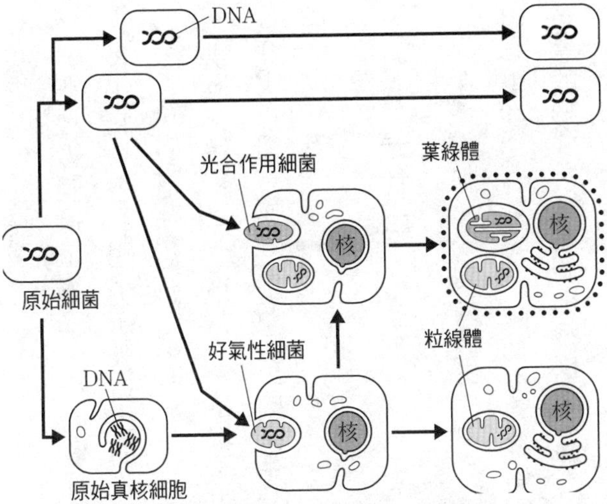

圖 1-7 細胞進化的模式

以這麼一來，因為呼吸氧氣而得以利用氧氣的生物，即是所謂好氣性細菌，自然能有效率地存活下來。某一天，這種好氣性細菌偶然地感染、侵入原始細菌。這種好氣性細菌利用氧氣，有效率地產生能量，在細菌內部定居，對細胞而言也有利它的生存。從此，就開始了與細菌共生的生活。學者認為，它後來成為胞器之一，也就是粒線體。

證據就在於粒線體的雙層膜。粒線體本身有獨立的DNA，可以進行蛋白質合成。但比較過外膜和內膜的蛋白質，會發現內膜的蛋白質是用粒線體自己的DNA密碼製作的，外膜的蛋白質則完全是依據宿主細胞核的DNA來製造的。也就是說，內膜是開始共生時的細菌，即粒線體自己的膜；外膜是宿主細胞自己原有、包覆入侵細菌的膜（參考圖1-6），學者認為這是共生的最好證據。

在粒線體還是獨立生活的時代，它應該也合成了數萬種蛋白質。但開始共生之後，它學會利用宿主製造出的蛋白質，並且丟出宿主基因剛好合用的東西。現在，它只製造存在於內膜的十幾種蛋白質，其他的一切，包括核糖體等裝置都由宿主供應。換言之，宿主提供粒線體生存必要的蛋白質，而粒線體提供宿主所需要的ATP能量。兩者擁有完美的共生關係。粒線體或多或少，可以說是我們身體「裡面的第三者」。

DNA是什麼

在多細胞形成的真核生物中，除了紅血球和血小板之外，所有的細胞都有核，而其中藏著DNA。而且不論哪個細胞，它的DNA都是相同的。DNA是以染色體的形式，存在於細胞核中（圖1-8）。人體的細胞裡共擁有一定成對的兩組二十三個，共四十六個染色體，所以又叫二倍體。一個卵子和一個精子，各為半個人，各擁有一組（二十三個）染色體，但受精之後不久，它就會變成具備兩組一對染色體的細胞了。所有的細胞都從這個受精卵細胞分裂而成，因此，一整個個體中的所有細

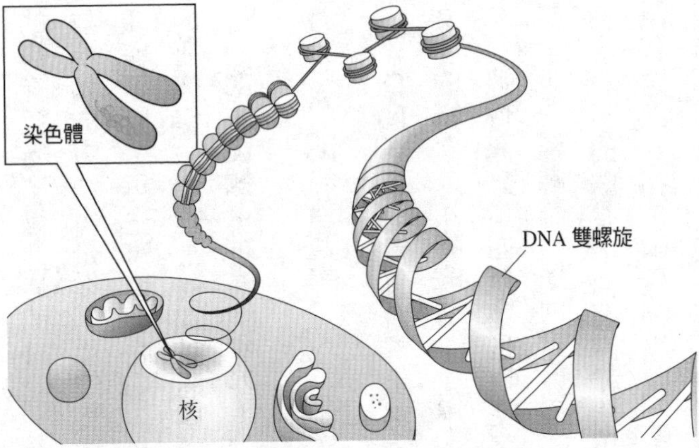

圖 1-8　DNA 與染色體

胞，都擁有完全相同的遺傳訊息。這個訊息的總體叫做基因體（genome）。

反言之，只要是有核的細胞，不論它位於身體的哪個部分，應該都儲藏著製造人體所有細胞的能力。從受精卵可以製造出ES細胞（胚胎幹細胞，embryonic stem, ES），而從ES細胞，將可製造出包含皮膚或神經等所有的細胞原。像引起熱門話題的「桃莉」羊等複製動物，就是利用它製造出來的。

更令人驚訝的是，最近有報告指出，只要在皮膚的細胞上植入特定的遺傳基因，就能製造出多功能性的細胞。二〇〇七年，京都大學再生醫科學研究所的山中伸彌，便是在老鼠的皮膚細胞導入四個遺傳基因（下令發現其他蛋白質的轉錄因子的編碼基因）製造出多能細胞（誘導多能幹細胞，iPS細胞），不論什麼細胞，它都能分化出來，令世界大為驚嘆。藉著這個發現，再生醫學的研究已有了爆炸性的發展，並成為全世界都可能實現的技術。未來，將可確立治療疾病的方法，是從病患的皮膚等細胞中製造出iPS細胞後，替換病人罹病的組織與器官。再生醫學迎向一個嶄新的局面，走進全世界激烈競爭的時代。山中博士的研究室，實際上就在我的研究室隔壁，能就近實地看到這個幾年，甚至幾十年難得一次、震撼全世界的研究，心中的喜悅真是難以言喻。

DNA的訊息量

DNA是記錄蛋白質訊息的錄影帶。其中到底儲存了多少量的訊息呢？如果用文字的概念來比喻的話，一個人體約有相當於三十億文字。

遺傳訊息這四個字是以文字來比喻的，實際上，這個訊息是由構成DNA的物質——一種鹼基的序列來決定。DNA的構造和鹼基容後再述。但決定序列作為「生物文字」的鹼基，只有四種，用四個字編入了所有的訊息。我們大家都知道，電腦語言是由0和1兩種字組成，所有的程式和訊息都由這兩個字寫入。但生物，則是用這四種鹼基組成。鹼基的序列幾乎沒有個人差別，任何人都有百分之九十九點九的相似率。只有千分之一的差別而已，或者應該說一千個中竟有一個不同。

因此，開始解讀人體共同持有的這個訊息，就是「人類基因體計畫」（Human Genome Project）。日本、美國和歐洲的研究所組成團隊，一個一個地解讀人類染色體的所有DNA密碼。幸運的是，這個計畫已經成功，二〇〇一年二月發表了其中的概要。

這裡想到閒話一則。是否還有讀者記得，此計畫進行時發生了激烈的競爭？歐美日合作的跨國計畫開始之後，一家名為「賽雷拉基因」（Celera Genomics）的公司宣布，他們將獨立致力於這個工作。雖說是獨立進行，但畢竟該社是擁有解讀DNA最尖端測序機器的大型企業，因此最後到底誰先搶得先機，成了全世界注目的一項競賽。因為人們看好這個基因訊息對未來醫藥品的製造，有很大的影響，若是讀取到的訊息獲得專利認定的話，將會是一筆巨額的商業資源。到最後，兩家幾乎是在同一時間讀取結束，於是在同一年（二〇〇一）的同一週，分別選擇《自然》和《科學》兩家著名的科學期刊，公開發表他們的結果。

一切都是為了蛋白質

DNA以鹼基序列儲存的訊息，有的用來決定蛋白質的胺基酸序列、一些用來合成蛋白質的RNA機器，還有些用來製造低分子RNA。更有趣的是，對生命活動提供有用訊息的DNA領域，只占所有基因體的一小部分而已。其他大部分的鹼基序列，跟合成蛋白質的訊息沒有關係。這些乍看沒什麼用的DNA，有人叫它垃圾DNA。學者認為，其中大部分是在進化過程中出現重複，或部分缺損而無法使用。說到進化，一般都會馬上想到發展為更合乎目的、更高度的物體，但實際上，它也是產生大量廢物的過程。當然，它是否真為垃圾，還有待今後的研究，實際上已有人發表研究，認為有七成的基因體可能正生產生存所需要的多種RNA。

全基因體中有百分之二的訊息，是用來下指令合成生存所需的蛋白質。生物會製造出糖或脂質等多種高分子物質，但製作那些分子的訊息，並沒有寫在DNA中。DNA裡所儲存的，是為製造這些糖或脂質而工作的蛋白質（許多是酵素）訊息，它只是指定那些蛋白質的胺基酸序列的訊息而已。

根據人類基因體計畫的研究成果，推測用三十億個字母寫成的訊息，可製造出約二到三萬種左右的蛋白質。實際上，只靠DNA上的鹼基序列，並不能決定蛋白質的數量，因為它會編輯RNA，利用巧妙的詭計，使一個訊息可以製造數種蛋白質，於是便能產生更多的蛋白質了。雖然現在我們應該還不知道人體中蛋白質的正確數量，但推測應有五到七萬種。

這數量是多，還是少呢？表1-2中所顯示的，是目前為止已確知的代表性生物基因體、其鹼基的數量（文字數）與製作出來的基因數。這基因數大約等於已解讀出的蛋白質種類。像大腸菌，它的鹼基對數（基因體大小）是四百六十萬對（使用「對」這個詞，是來自DNA上四個鹼基必定成對存在，這會在下一章詳細說明）。從那裡讀出的蛋白質約有四千三百種。在生命科學領域的實驗中，有些常用的模式生物，大腸菌便是代表之一，此外還有酵母、黑腹果蠅（*Drosophila melanogaster*）、線蟲，還有植物中的阿拉伯芥（*Arabidopsis thaliana*）等。只要看看它們的基因體大小和基因數，一定會有點吃驚。因為它的差距比想像小得多。黑腹果蠅的基因體大小是一・八億鹼基對，而基因數為一萬兩千，約為人類的一半。和其他基因數相較，長度一釐米左右的線蟲，約有一萬四千；連酵母都約有六千個基因。植物中的阿拉伯芥基因數兩萬六千，與我們人類相差不遠。果蠅或小阿拉伯芥花相比，兩者的基因數也沒有很大差距，這資料聽起來是否相當駭人？

表 1-2 基因體大小和基因數

生物種類	基因體大小（鹼基對數）	基因
人	3.0×10^{9}	22000
黑腹果蠅	1.8×10^{8}	12000
線蟲	9.7×10^{7}	14000
酵母菌	1.2×10^{7}	6000
大腸菌	4.6×10^{6}	4300
阿拉伯芥	1.3×10^{8}	26000
稻	3.9×10^{8}	32000

這是因為，為了維持生命，需要很多的蛋白質，其生命活動本身，不管在蠅或植物或酵母上，幾乎都

沒有差異。況且，同樣的哺乳類動物會更為相近。猴子和人之間，實際上，不只是蛋白質的種類，連每個蛋白質的胺基酸序列，也就是其性質，都幾乎不變。

從這個DNA，如何製造出蛋白質呢？這個複雜又精妙的系統，我們將在下一章來看一看。

第2章 誕生

解讀遺傳密碼

雙螺旋模板的衝擊

在生命科學中，足以與達爾文進化論、愛因斯坦的特殊相對論相匹敵的重要發現，應該就是DNA雙螺旋結構的發現吧。一九五三年，詹姆斯・華生（James Waltson）與法蘭西斯・克里克（Francis Crick）兩人，發表了DNA的美麗螺旋模板（圖2-1）。他們在《自然》雜誌，以僅僅兩頁的論文刊載了這項發現，卻讓他們獲得一九六二年的諾貝爾生理學暨醫學獎。發表時華生還不到三十歲，才剛剛取得博士學位。

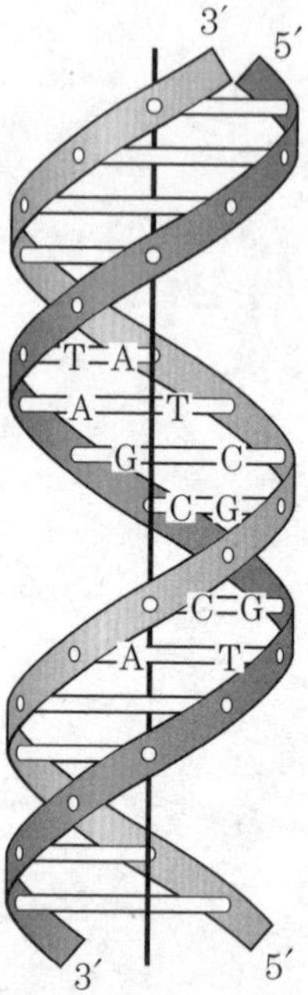

圖2-1　DNA雙螺旋模板

雙螺旋可以算是二十世紀最大的發現，這段故事詳細地記載在華生的著作《雙螺旋》中，而這本名著除了敘述分子生物學黎明期的努力，以及他們發現雙螺旋的來龍去脈之外，也道出志向遠大的年輕研究者們，如何在激烈的競爭中，互相切磋琢磨以確立自己存在的價值，對於一如昔日的研究環境，他的故事充滿了喻意。

華生目前（二〇〇八年）仍為冷泉港研究所（Cold Spring Harbor Laboratory）的名譽所長，在這個世界聞名的研究所，每年都會召開多次研討會。研討會的最後，都會在音樂廳舉行小型音樂會，直到現在還可以看到華生博士與當地居民一同坐在最前排聆聽。

至於這項發現的重要性在哪裡，首先，它很成功地在分子階層，證明了依據孟德爾法則所展現的「遺傳」概念。孟德爾提出遺傳性狀的概念，發現了性狀會從親代傳給子代，也就是所謂的遺傳法則。而以實體方式顯示性狀會遺傳，便是來自華生—克里克所發現的DNA雙螺旋模板。

更重要的是，從他們的發現，確定了蛋白質都是根據基因訊息製造出來的。解開基因DNA到蛋白質的連續過程，便可藉著操作基因來控制蛋白質，換句話說，也就可以製造出許多種蛋白質了，可以說蛋白質工學或分子生物學，因著這項發現而終於開花結果。稱它為現代生命科學領域的起點，絕非言過其實。我們可以明確地說，生命的發生與維持，全都是以雙螺旋結構為基盤。

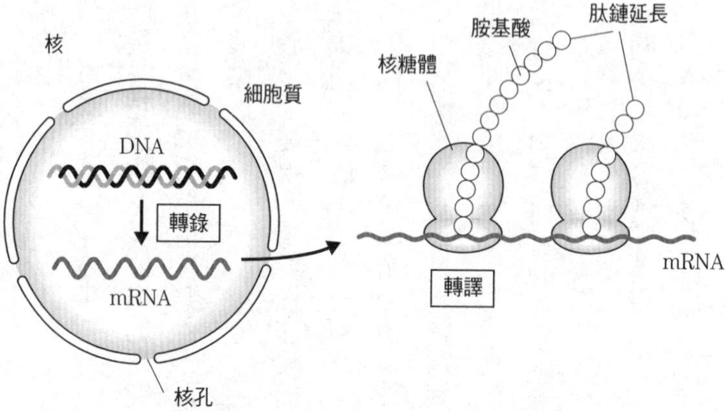

圖 2-2　蛋白質生物合成過程

在DNA的密碼中

所有的蛋白質都是根據DNA擁有的遺傳訊息製成。其過程需要經過幾個階段，是一個複雜而精巧的系統，但粗略可畫分為兩個相關連的過程（圖2-2）。

第一個過程，是將DNA具有的訊息，轉錄給擔任快遞的mRNA（信使RNA）的作業。這就像把母帶拷貝到另一個卡帶一樣，所以叫做「轉錄」。另一個則是讀取排列在mRNA上的訊息，再依據該訊息生成一個一個排列的胺基酸，我們叫它「轉譯」。DNA的訊息是由四種「鹼基」物質，像密碼一般排列組合而形成的。這個鹼基的序列是一組規定所有蛋白質原料——胺基酸排列方

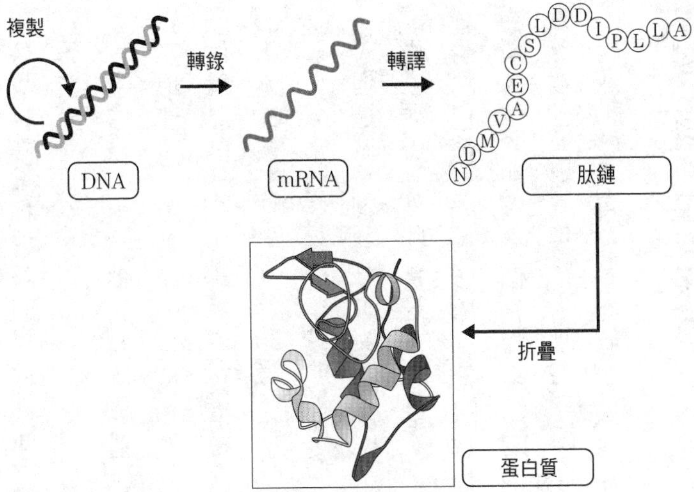

圖 2-3　中心法則

式的密碼，而讀取它便是「轉譯」的過程。

經過「轉譯」過程後，胺基酸排成一列，彼此相連，而成為所謂「肽鏈」的鏈狀物質。肽鏈本身就像一條繩子，並沒有功能。需要經過摺疊（folding）的過程，變成一個立體的三維結構，才能開始形成有功能的蛋白質。

中心法則

在這段過程中很重要的一點是，遺傳訊息是只能單方向從DNA流向RNA，再流向肽鏈，這叫做「中心法則」（Central Dogma）（圖2-3）。DNA裡藏著由四個鹼基，也就是四個字母寫成的訊息，然後，將訊息轉錄的mRNA會再依樣轉譯。根據該訊息排列而成的胺基酸就是肽鏈，而肽鏈折疊起來的東西，就是蛋白質。

蛋白質中也完整的保持胺基酸一定序列的訊息。但是細胞裡絕不可能從蛋白質讀取訊息，再製作出DNA。有人認為，既然DNA的鹼基序列可以指定蛋白質的胺基酸序列，那麼將密碼反轉回去，讀取蛋白質的胺基酸序列，應該也可以向DNA的鹼基序列傳達訊息。但在現存的生物中，生成的蛋白質絕不會逆向回去製造RNA或DNA。這就叫做中心法則。

但這個法則（假說）也有例外。雖然不能從蛋白質逆向回去，但特定的癌病毒或愛滋病毒等某些RNA病毒中，基因訊息是儲存在RNA裡。那種類型的病毒，會將自己擁有的遺傳訊息替換DNA的訊息，再從DNA轉錄到RNA，製造蛋白質。乍看起來是個相當麻煩的機制。RNA的訊息能回溯中心法則的流程改寫DNA，從這層意義來說，它是中心法則的漏洞，但除去這一小部分例外，中心法則是規定訊息流向的重要發現。

卓越的資訊保存系統

DNA是以核苷酸為單位，它含有腺嘌呤（A）、鳥嘌呤（G）、胞嘧啶（C）和胸腺嘧啶（Ｔ）等四種要素（鹼基），並組成互相連繫的構造。這些鹼基元素必定成對，鹼基以互相面對面的形態，讓ＤＮＡ的兩股鏈形成雙螺旋。

重要的是，兩兩相對的鹼基組合一定是一對一。腺嘌呤只和胸腺嘧啶，鳥嘌呤只和胞嘧啶配成對。它們只能這麼組合，鳥嘌呤絕不會和胸腺嘧啶，腺嘌呤也不會和胞嘧啶配成對。也就是說，一股鏈的一個鹼基固定的話，另一股鏈也會自動決定與它成對的鹼基。結果，兩股鏈正好儲存了反向的相同訊息。像這樣鹼基序列正好相對、互補的兩股ＤＮＡ鏈，叫做互補鏈。為什麼要形成雙螺旋呢？那也是一種保持雙重訊息的戰略。所以，即使其中一股的訊息裝置出現異常，也可以參考另一股的訊息，修復成正確資訊，使親代得以將正確的訊息傳給子代。

我們平日會受到紫外線或放射線等種種壓力，這些因素最容易造成突變的地方，就是ＤＮＡ。ＤＮＡ上的突變其實發生得很頻繁。比如說受到紫外線照射後，與胞嘧啶成對的鳥嘌呤，會變化成腺嘌呤。這時候，如果長鏈只有一條，即使察覺發生了什麼突變，也無法知道何處產生突變，更無法修復。但是，如果有兩條鏈的話，就可以參照對應的鏈，先摘除發生變異的鹼基，再插入應該放入該位置的鹼基（這叫ＤＮＡ的刪除與插入）。互補鏈的同一位置，如果是胞嘧啶的話，那突變的鹼基就應該是鳥嘌呤。自動刪除、修復突變ＤＮＡ，在細胞中經常在運作。

有一種疾病叫做著色性乾皮症，罹患這種病的患者，遺傳性地欠缺修復DNA突變的酵素。由於它無法修復紫外線等造成的突變，所以只要曬到太陽，皮膚就會發生嚴重的傷害。不但長紅斑或水泡，變成燒傷，而且還很容易轉為皮膚癌。

DNA的複製

DNA具有雙螺旋結構，當然不只是為了修復。它更大的意義在於利用這個雙螺旋結構，可以達到自我複製。

細胞分裂的時候，人體也跟細菌完全一樣，複製同樣訊息的DNA。因此，雙螺旋會解開，長鏈也會一分為二。一股作為模板，沿著模板的鹼基序列，鳥嘌呤對上胞嘧啶，腺嘌呤對上胸腺嘧啶，依照各個鹼基與成對的鹼基按順序相連的方式，可以製造出與原雙螺旋完全相同的互補DNA雙螺旋。透過DNA的複製，細胞核中的遺傳密碼，便能正確無誤地傳承給子細胞（在生物學中，英文用的是daughter cells，為什麼用的是女而非子，十分奇妙）。

把DNA的絲捲起來

實際上，複製的過程有數個極其複雜的步驟，但首先光是基因折疊起來成為染色體，以至雙螺旋解開，便是一件浩大的工程。因為，細胞僅僅只有百分之一釐米，而全長約一．八公尺的DNA收納在更小的細胞核中。應該很容易想像得到，隨便亂擠的話是收不進去的，想要取出來時，也會因為打結黏連而解不開。為了避免出現這種狀況，實際上它有個非常聰明的架構，就是利用蛋白質的捲軸構造（圖2-4）。

DNA雙螺旋的寬度，約為兩奈米（一奈米即一釐米的一百萬分之一）。這雙螺旋的細絲，在第一階段，會在名為組織蛋白的圓柱狀蛋白質上纏繞三次，然後再在別的組織蛋白繞三次，接著再另一個三次……按順序纏繞。這個組織蛋白與DNA的複合體，叫做染色質。接著，染色質會很規律地折疊起來為螺旋狀，成為「染色質纖維」的狀態。這雖然大部分縮小了，卻還是收不進去。甚至纏繞在作為基地的蛋白質上，成為染色體原本的狀態，

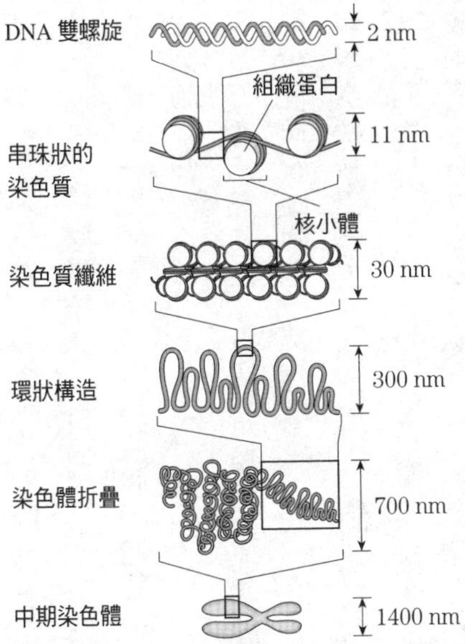

圖 2-4　染色質的凝縮

然後再次重新纏繞、凝縮，終於成為染色體，收藏在細胞核中（參見圖1-8）。它的寬度，約為原本雙螺旋的七百倍，是一千四百奈米。我們破壞分裂期細胞，幫它染色後，便能在顯微鏡下看見染色體，但其實DNA纏繞了好幾重，我們看到的是折疊起來的東西。

在讀取訊息時，是從這條路線逆向回溯，將纏繞的絲鬆開。一旦被複製後，就會從複製好的地方再次纏繞，是一種不會打結的架構。於是細胞分裂時，所有的DNA都被複製，形成兩條完全相同的染色體。人體中，這種染色體有二十三對（二十二對體染色體與一對性染色體）。這四十六條染色體都會產生DNA複製，各增加成兩倍，然後遺傳給子細胞。在我們身體裡發生的細胞分裂，每一次都會重複這樣的過程。如果用心傾聽，彷彿還能聽到DNA捲軸咻咻纏繞的聲音呢。

DNA這種保持自我訊息，並重新生產的功能，叫做「自我複製能力」。就因為這種保持的功能，父母的特徵才能完全無誤地傳給孩子。

RNA的功能

RNA和DNA一樣，都是由四種鹼基排成一列所構成，負責訊息傳送的任務。構成RNA的鹼基，與DNA一樣的有腺嘌呤、鳥嘌呤、胞嘧啶，另一種取代

DNA的胸腺嘧啶是尿嘧啶（U）。尿嘧啶與腺嘌呤成對，所以鹼基形成配對，進行自我複製，跟DNA是一樣的。不過有一個很大的不同，RNA不是雙螺旋，而是單股的長鏈。

一般認為在進化的前階段，DNA尚未發達時，恐怕是由RNA來擔任遺傳訊息。即使現在，像愛滋病毒、或人、禽流感的病毒，都還是將RNA作為遺傳訊息的記憶裝置。但其特徵是遺傳訊息發生變異極其頻繁，而以它為基礎的蛋白質也經常變化。由於RNA只有單股長鏈，所以一旦其中有一個鹼基產生變異，則並沒有另一個互補鏈可供參考，因而無法修復，而成為完全不同的遺傳子。

這可說是愛滋病毒和流感病毒最麻煩之處。人們以為愛滋病這種疾病出現得很突然，但可能愛滋病毒本身存在已久，由於基因的變異，在某時突然生成帶有病原性的愛滋病毒。而且愛滋病毒合成的蛋白質不時變化，因此就算開發出治療用的抗體，也會立刻失效。肇因於病毒的疾病，都沒有決定性的治療法，尤其又以愛滋病和流感最難根治，其原因或許可以說是出自它將RNA作為遺傳訊息記憶裝置的構造吧。

總之，RNA是一個極度不完整的訊息保存裝置，因此才發展出以一條鏈為模板來修復另一條——最適合「保存」構造的DNA，將遺傳訊息的保留儲存專責化。

RNA世界

從中心法則單元即知，極單純地來說，維持我們人類生命的根基有三個要素。其一是保存訊息的「DNA」；其次是將訊息轉錄、傳達、翻譯的「RNA」；然後，以該訊息為基礎製造出來，並藉其結構發揮「功能」——又叫做「觸媒力」——的「蛋白質」。現在以DNA的訊息為基礎，由三要素分工合作的生物世界，叫做DNA世界。在這個世界裡，DNA和蛋白質所扮演的角色並沒有重疊。具有雙螺旋構造的DNA只負責保存訊息，不會發揮觸媒力。同樣的，蛋白質不能自我複製，也不能將遺傳訊息復原。

但是，由於RNA是單股長鏈，並沒有配對的鹼基，所以只要一變長就會彎折，與離得較遠的RNA部分鹼基配對，變成像DNA雙螺旋一般，它會進入安定，雖然不成熟但仍形成某種結構。具有結構是指分子表面會形成凹凸。藉由這些分子的凹凸，便可與其他分子相互作用，顯示該分子能帶有某種功能。經由這種配置，RNA不僅能自我複製，也可能帶著某種功能。

從這一點可以想像，可能在原始時代，RNA負擔了「保存訊息」與「功能」兩種任務。我們將那個時代假設性地稱之為「RNA世界」。但是從訊息保存的觀點來看，RNA有不修復變異，直接傳給下一世代的缺點。從功能面來看，RNA能製造的構造，比起合成出蛋白質的構造，還非常不成熟，因此另一缺點就是，其具備的功能極其有限。很容易想像得到，只靠RNA擔任訊息的保存和功能兩個任務，只能進行不完整的生命活動。因此，才把RNA具備的訊息保存任務，交給信賴度較高的DNA來完成，將觸媒力交給更具功能性的蛋白質來負責，是角色分擔進化後的產物。

其實，直到今日，我們的細胞中仍有具觸媒力的RNA存在。後面會提到，蛋白質合成時需要「MESSANG（messenger）RNA（信使RNA，mRNA）」、「TRANFER RNA（轉運RNA、tRNA）」及「ribosomal RNA（核糖體RNA，rRNA）」等三種RNA。其中的rRNA具有觸媒力，使RNA世界的影響留存至今。另外，我們也知道了還有一種叫Ribozyme（核糖酵素），功能可媲美酵素的RNA。這些都支持RNA世界曾經存在的想法。

轉錄過程

以DNA為模板拷貝在RNA上的過程，叫做「轉錄」。首先DNA雙螺旋會從核小體（Nucleosomes）的捲軸構造（參考圖2-4）解開，然後，G—C、A—T的

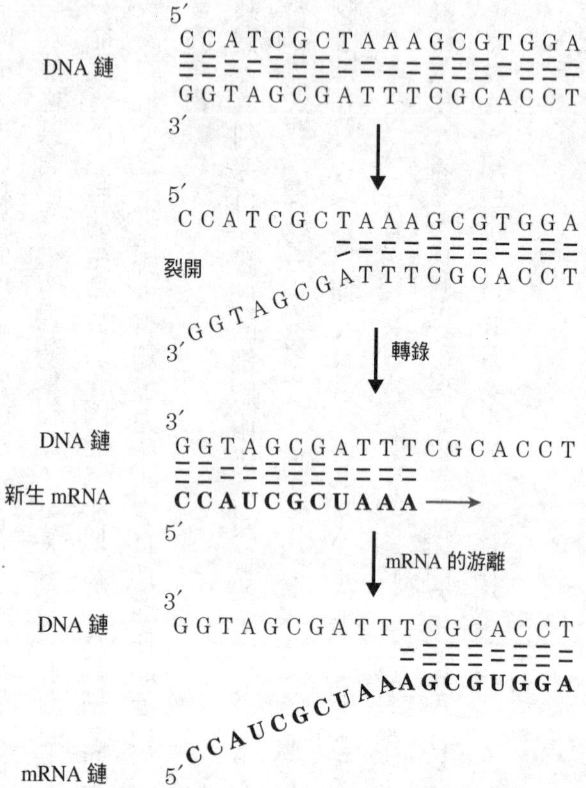

圖 2-5　DNA 轉錄到 RNA 的過程。DNA、RNA 有方向性，兩末端各稱為 5' 端和 3' 端。DNA 的複製和 RNA 的轉錄，都是由 5' 端往 3' 端的方向前進。

鹼基配對會暫時分開，成為兩股鏈。然後會產生一條與其中一股鹼基配對互補的鹼基，按順序結合，而製造出與DNA成互補關係的mRNA（圖2-5）。

mRNA通過核孔輸送到原生質，「轉譯」成胺基酸序列。轉譯地點就在蛋白質的製造工廠「核糖體」。在原生質或核、粒線體等地方工作的蛋白質，會用原生質中的核糖體RNA來合成；而分泌到細胞外的蛋白質或在膜工作的蛋白質，則藉由與內質網結合的核糖體RNA來合成。

訊息的轉譯單位——遺傳密碼

mRNA所帶的訊息，由AUGC四個鹼基配對組成。如果一個鹼基指定一個胺基酸的話，它們只能指定四個胺基酸。就算將兩個鹼基組合來決定胺基酸，也只有4×4＝16種類而已，這樣還是不夠。若將三種鹼基當作一種訊息來讀取，理論上有4×4×4＝64，可以給予六十四種訊息。而的確，地球上的生物果然不出這種理論的預測，都是用連續三鹼基的讀取，來獲得胺基酸的訊息。

這三個一組的遺傳密碼（遺傳暗號），叫做密碼子（Triplet Coden），或又稱為密碼。以「UUU」或「GUA」等組合，每個密碼子都配到一個胺基酸。地球上所有的生物、植物、細菌、人類，基本上都有相同不變的密碼（表2-1）。而這個密碼又是如何解讀的呢？

第一個密碼是由美國的生化學家M. W. 尼蘭伯格（M. W. Nirenberg）所解開的。一開始，他先合成完全由尿嘧啶（U）組成的長鏈mRNA，放入大腸菌的培養液，大腸菌會製造出苯丙胺酸（phenylalanine）連結成的多肽。從這個實驗中得知，UUU這個密碼子是苯丙胺酸的遺傳密碼。

表 2-1 密碼子表

第一個字 5'端	第二個字 U	C	A	G	第三個字 3'端
U	Phe	Ser	Tyr	Cys	U
	Phe	Ser	Tyr	Cys	C
	Leu	Ser	終止	終止	A
	Leu	Ser	終止	Trp	G
C	Leu	Pro	His	Arg	U
	Leu	Pro	His	Arg	C
	Leu	Pro	Gln	Arg	A
	Leu	Pro	Gln	Arg	G
A	Ile	Thr	Asn	Ser	U
	Ile	Thr	Asn	Ser	C
	Ile	Thr	Lys	Arg	A
	Met 開始	Thr	Lys	Arg	G
G	Val	Ala	Asp	Gly	U
	Val	Ala	Asp	Gly	C
	Val	Ala	Glu	Gly	A
	Val	Ala	Glu	Gly	G

於是，從單純的「UUU」或「AAA」開始，他們嘗試了種種組合，在一九六〇年代掀起全世界遺傳密碼解讀大戰，而終於將所有的暗號解開。如表2-1中所說明，二十種胺基酸經由六十四種密碼指定，當然別的訊息也會指定同樣的胺基酸。比如說不僅是「UUU」，「UUC」也指定苯丙胺酸，另一種胺基酸「白胺酸」（Leu）的狀況更多，有六種密碼都同樣指定白胺酸。這種現象叫做簡併。

密碼的起點與終點

DNA是一個由鹼基串連的密碼磁帶。為了解開密碼，必須知道從何處開始解讀，到哪裡結束的資訊。而這份轉譯開始和終止的資訊，都包含在六十四種密碼子當中。終止的符號是UAA、UAG、UGA，只要出現這三種中的任一種，就是「請結束轉譯」的暗號。我們把它叫做「終止密碼」。

那麼開始的符號又是什麼呢？那是由指定甲硫胺酸（Met）的密碼子AUG來負擔這個任務。指定甲硫胺酸的密碼子只有AUG。由於它就是開始符號，也就成為起始密碼子。所有的蛋白質在最初製造時，都從甲硫胺酸開始（甲硫胺酸在合成結束後，會自動割離，所以並不是所有的蛋白質都是以甲硫胺酸為起頭）。

就像上述所說，六十四種密碼會各別指定起始密碼子、終止密碼和二十種胺基酸。它們叫做遺傳密碼。mRNA的鹼基訊息就是根據這份密碼表，完成到胺基酸序列的「轉譯」。

轉譯機器核糖體

另外，實際進行這項轉譯作業的轉譯機，是存在於內質網表面或原生質裡的核糖體。核糖體會將mRNA上的鹼基序列三個一組地讀取，然後一個一個連結到相對應的胺基酸上。於是，胺基酸藉由肽鍵連結而成的東西，叫做多肽鏈。

核糖體由大小兩個次單位組成。大次單位有三個RNA分子和五十種蛋白質；小次單位有一個RNA分子和三十三種蛋白質，是一個非常複雜的團塊。大小次單位會合製造出形狀如同湯圓的核糖體。而多肽的合成過程便會在核糖體裡展開，它包含了很多個階段，極為複雜，但這裡我們盡可能地把它簡化，以便一窺它的來龍去脈（圖2-6）。

轉運RNA（tRNA）

核糖體上的小次單位有一個隧道，mRNA會通過其中。換言之，核糖體會把mRNA當成軌道，在其上運行。它便是在mRNA上運行時，讀取錄在裡面的密碼子。為了讓鹼基序列與胺基酸對應，需要一些因子來聯結兩方。那就是RNA當中的Tranfer RNA（tRNA）或轉運RNA。tRNA的一部分，由反密碼子的三鹼基排成序列。它們會與mRNA上的密碼子一對一的對應。mRNA如果有GCA的密碼子，攜帶與它對應的CGU反密碼子tRNA就一定會靠過來，讓密碼子與反密碼子形成互補的對應。tRNA會讓與各反密碼子對應的胺基酸結合，

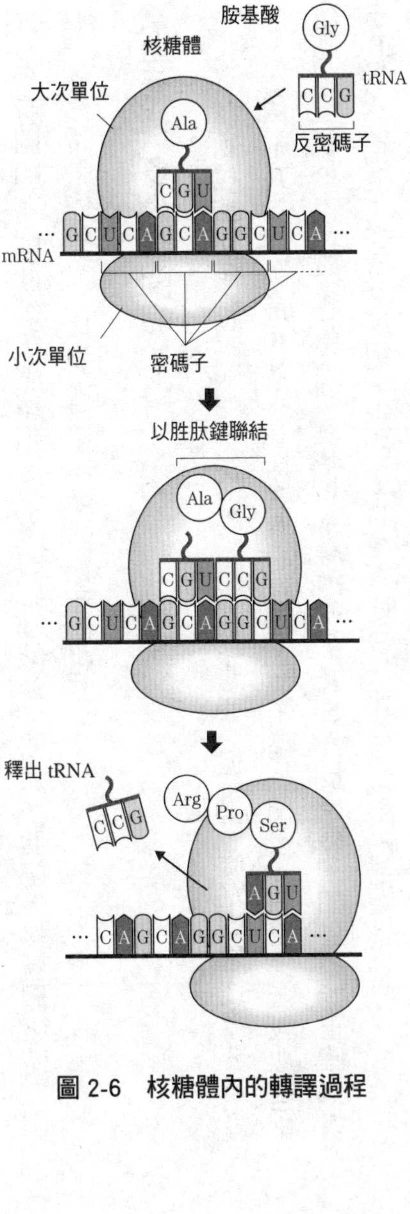

圖 2-6 核糖體內的轉譯過程

載著胺基酸進入核糖體。在這種狀況下，其中一種精胺酸（Arg）會與它前一個的胺基酸結合。mRNA上的鹼基序列就是這樣「轉譯」成胺基酸序列。而tRNA分子就是兩者之間的媒介。

於是，核糖體內的胺基酸便陸續連結起來，胺基酸會互相以胜肽鍵的模式結合（參考圖1-1）。胜肽鍵按順序相連起來的胺基酸鏈，叫做多肽鏈。核糖體不時會讀取一條磁帶，因此將它比喻為播出音樂的錄音機磁頭。

需要花費多少時間呢？

這個過程需要多少時間呢？正確時間不得而知，但可以確定的是速度非常之快。一個tRNA與mRNA互補對應的過程，並不是一個接一個正確無誤地進行對應。實際上，一般認為來到mRNA身邊的tRNA反密碼子如果不能正確地與mRNA密碼子形成互補鏈，別的tRNA便會快速地過來不斷進行嘗試。

雖然還並未做出完整的解析，但參考大腸菌的實驗可知，合成一個蛋白質所花的時間，大約為十幾分鐘的程序。當我們用十五分鐘左右的有限時間，在動物細胞植入放射性同位元素，然後確認其間的反應，就可以知道在這麼短的時間裡便能充分製造出蛋白質。大腸菌一秒鐘有能力合成四十五胜肽，也就是說，它可連結四十五個胺基酸。在極快速反覆的這道程序中，便製造出連結三百、五百個胺基酸的蛋白質。整個細胞在一秒鐘內會製造出數萬個蛋白質。對於一個步驟如此繁複的作業，應可體會其進行的速度快如閃電，而且效率極高。

試管內的轉譯裝置

隨著實驗技術的進步，最近已可在試管內（這裡要用專業用語 IN VITRO 來表現）進行轉錄和轉譯。其中，對研究者而言，上述繁複的轉譯過程能在試管內重現，真的要感謝上天。總之，就算沒有細胞，只要把轉譯所需要的因子放在試管內混合，就能製造出多肽。尤其是最近，市面上還販售一種套件，只要利用基因工程的技術，將轉譯需要的所有蛋白質因子進行人工合成，再將它們與核糖體、和蛋白質訊息來源的 DNA 混合，就能進行一次 DNA 轉錄到 mRNA，以及 mRNA 轉譯到多肽的過程。製造蛋白質不再需要借用動物細胞或大腸菌等細菌之力，一切都可以用一條人工鏈來進行了。讓人感覺彷彿離神之手又更近一步。

第3章

成長

細胞內的大配角，分子伴護蛋白

分子伴護蛋白的發現

前兩章我們談到蛋白質的誕生。正確地說，我們說的是蛋白質的基礎到多肽轉譯的過程。前面所介紹的，是將所有細胞生物學課本上所教授的內容，以一般民眾較能了解的方式整理而成。但讓我興起書寫這本書的動機，其實是本章以後的部分。

遺傳密碼指定的是胺基酸的訊息，正確地說，只有胺基酸序列的訊息。形成生物的胺基酸有二十種，它該用多少個、按什麼順序排列，才能讓一個蛋白質發揮它應有的功能，這些訊息都保存在DNA裡。將DNA的訊息轉錄在mRNA上，再藉由tRNA和核糖體的協助，讓一個個胺基酸依序連接，這就是蛋白質合成的大略過程。

那麼，這樣蛋白質就完成了嗎？其實，事情並沒有這麼簡單。以前有人提出一種想法，認為只要胺基酸的序列決定之後，蛋白質就會自發性或自力地發展出成熟的功能。也就是說它本身是有能量的、更安定狀態的分子。但是在這個過程中，其實存在著之前所想像不到的複雜步驟，現在更發現其中還與一群擁有特殊功能的蛋白質有關，它叫做「分子伴護蛋白」。分子伴護蛋白是由研究者J.艾里斯（J.

Ellis）命名的，但這伴護這個字，在法語中有「看護員」的意思，所以這個詞來自於「分子的看護」。伴護這個字以前也用在與核小體（nucleosome）形成有關的核質素（nucleoplasmin）上。但經由艾里斯的發現，分子伴護蛋白這個字才首次獲得認可。

這種「看護員」其實非常低調，它辛勤地在其他蛋白質身邊照顧它們，等到它們可以獨立成熟的時候，它就會毫不留戀地離開蛋白質身邊。在之前的研究中，它一直不曾浮出表面，也沒有人注意到它的存在。但是，名字真是個不可思議的東西。當有人用「伴護蛋白」為它的功能命名之後，研究速度便一飛沖天，這才發現不論什麼地方都可以看到伴護蛋白活躍地運作。人們也才注意到，在此之前一直不為人注意的伴護功能，在細胞活動的所有場景中，都負有重責大任。

分子是細胞功能的直接推手，像肌動蛋白或膠原蛋白，會成為細胞結構的基本因子，或是負責細胞分裂、發生或分化時的訊息傳達，而像酵素，它與代謝有直接關係。如果把這些分子當成華麗的主角，那麼，伴護蛋白的功能，就是在這些主角獨當一面之前，幫助它們成長、成熟的角色。換句話說，它是個稱職的配角。我就曾經就把這些活潑的伴護蛋白叫做「細胞內的大配角」。

到了最近，研究者已經明白，當分子伴護蛋白的功能不夠完全，或出現漏洞的時候，人體便會罹患嚴重的疾病。於是，不管在理解生命活動的基礎面，還是探討疾病原因與治療的實用面上，分子伴護蛋白都受到廣大的注目。本章中將來看看分子伴護蛋白照顧蛋白質成熟的過程。

折疊起來做出形狀

雖然好不容易將胺基酸連接起來成為多肽，但它也只是一條單純的鏈，並不能發揮像是在細胞中組成結構、成為酵素發揮觸媒力、傳達訊息、負擔細胞內的物質傳遞等蛋白質的種種「功能」。

為了發揮功能，多肽鏈必須折疊起來，製造三維的「結構」。這就叫做「Folding」（折疊）。

由於這是微米的世界，所以或許讀者很難想像。例如，光靠一根鐵絲，可能看不出什麼形狀，但把它不斷彎折起來，就能製造出各種造形。多肽也是藉由折疊而形成種種結構，才能具備細胞要求的功能。其結構的多樣性，正與蛋白質功能的多樣性相對應。藉由結構的形成，分子表面會出現各種凹凸，利用這些凹凸，而與其他蛋白質、其他分子進行特異的相互作用，這就是功能的來源。我們雖然說蛋白質都具備了功能，但是只有一個蛋白質是不可能發揮功能的，它必須與其他分子「相

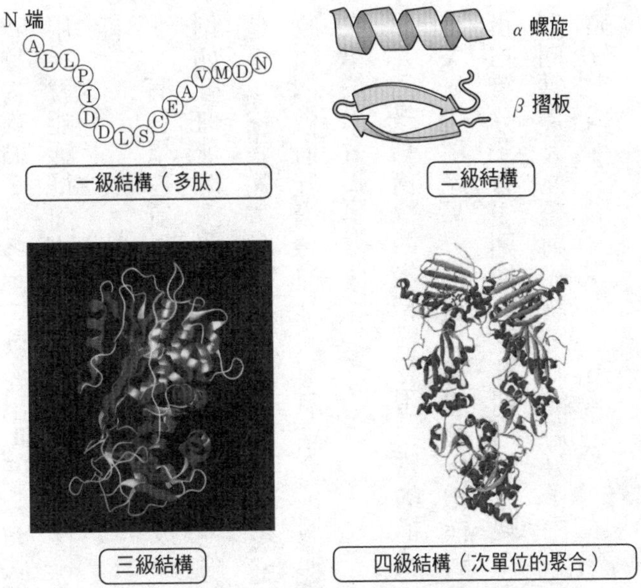

圖 3-1 蛋白質的四個階層

互作用」，這是功能發揮上非常重要的關鍵。

四個階層

蛋白質的結構有四個階層（圖 3-1）。首先，胺基酸排成一列多肽鏈是一級結構。一級結構反映出排列的胺基酸的性質，自然地製造出幾種二級結構。二級結構有兩種代表性的結構，一種是多肽鏈成為螺旋形，這叫α螺旋。另一種則像鋸齒般來回折疊，成為平面的板，這叫β摺板。其他還有β轉折（turn）或環（loop）的沒有固定形狀的鏈狀部分。

將一個個二級結構組合起

來，就能製造出具空間感的三級結構。到這裡為止，我們從圖上就可知道，一旦結構變複雜時，許多地方就會出現凹凸的狀態。利用分子表面的凹凸，與其他分子作用，就能獲得前述的功能。事實上，有許多蛋白質是藉由這種三級結構獲得獨立功能。

有些蛋白質是以幾個三級結構為成分，然後聚合起來製造出所謂的四級結構。例如紅血球的主要成分血紅蛋白，是由四條多肽鏈集合形成的。兩個 α 次單位和兩個 β 次單位組合，成為四條多肽鏈，製造出血紅蛋白。血紅蛋白（與鐵）結合成的物質叫做血紅素，血紅素與氧結合，搬運氧氣。而血紅素則是藉著四級結構形成的次單位集合起來維持。

三級結構、四級結構等蛋白質的構造，可利用幾種方法來解析，其中最有效的是X光繞射結晶分析法。把想解析結構的蛋白質純化為沒有雜質的狀態，讓純化的蛋白質分子有規則地緊密排列，就能製作出結晶。用X光照射在結晶上，能在許多方向獲得X光繞射光譜，就能將分子內部結構決定到原子大小，這就是X光繞射結晶分析法。

親水性、疏水性

我們在第一章已經提過胺基酸的基本結構，為了加強記憶，我們再做一次複習。胺基酸有二十種，所有胺基酸的中心都是一個碳原子，同樣都有胺基、羧基和氫原子，殘基（R）的部分，則每個胺基酸都不相同（參考圖1-1）。事實上就是殘基的不同，使胺基酸擁有不同的性質。

二十種胺基酸的性質都不相同，由於太過繁瑣，在此就不提了，但有一個重點希望大家牢記，那就是胺基酸分為親水性和疏水性兩種。親水性和疏水性的性質是決定蛋白質的「形」相當重要的因素。因為，細胞內部可以說幾乎都滿充了水。為了在這種水性的環境中工作，蛋白質表面必須與水融合。

折疊的大原則

胺基酸按照種種順序排列成一串多肽，混合著親水性胺基酸緊密存在，和疏水性胺基酸聚集存在的兩部分。與不融於水的疏水性部分，接觸水的狀態不安定，所以盡可能讓它遠離水。不易親近水的物質，最具代表性就是油。把油倒入水中盡力攪散，努力使它們相融，經過一段時間後，它還是會與水分離，形成油滴。因為油

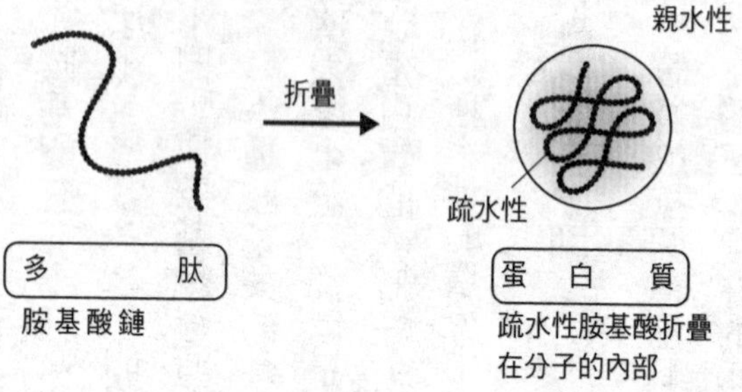

圖 3-2　將疏水性部分折疊在內側

與油之間會相互作用而聚集起來。

同樣的疏水性胺基酸，藉由疏水性相互作用而彼此聚在一起，產生排斥水的性質。疏水性胺基酸聚集的部分（像這種具有一定性質的分子聚集的部分，稱之為簇〔Cluster〕）互相黏在一起，在空間上與水接觸的面積就會變少。細胞質中的蛋白質，由於疏水性胺基酸非常巧妙地折疊在蛋白質內側，所以與水接觸面變少，因而成為可在水環境中安定存在的鍵（圖 3-2）。

將胺基酸巧妙折疊，形成蛋白質結構的過程，就叫做「折疊」或「Folding」。其最大的原理，就像包子皮裡包著豆沙餡一般，將不親水的疏水性胺基酸簇，折疊在分子的內側。

當然也有不適合的折疊存在。例如貫穿細胞膜而存在的膜蛋白，在膜中是由脂質形成的疏水性環境，所以這時候必須與細胞質相反，蛋白質貫穿膜的部分需將疏水性胺基酸放在外面才會安定。膜蛋白質貫穿膜的部分，有二十到三十個疏水性胺基酸連接在一起，它們常常在膜內部形成α螺旋。

我還必須說明另一個在折疊上很重要的胺基酸連結模式，它叫做雙硫鍵，是由一種叫半胱胺酸的胺基酸，彼此結合製造出來的。多肽像鐵絲一樣彎折之後，並不能一直保持那種形狀。光是折疊的話，會因為不安定而立刻鬆開或變形。為了讓折疊安定，必須在各處用類似迴紋針的工具予以固定。這種雙硫鍵就是一種發揮迴紋針功能的強力連結。它是半胱胺酸所帶的硫原子（S）與硫原子結合的共價鍵，所以又叫做S—S鍵。

蛋白質的結構主要是藉由四種力量，包括上述的雙硫鍵、疏水性胺基酸相互聚集的疏水作用、胺基酸帶的氫原子（H）與配置在附近的原子產生微弱作用而得到的氫鍵，還有胺基酸殘基的電子引力或排斥（＋或－）形成的靜電引力等，來維持三級結構與四級結構的安定。

安芬森的法則

本章開頭時曾稍微提到，曾有人以為蛋白質的最終結構，在胺基酸序列（一級結構）決定後，其他就會自動確定下來。當時認為它們會自動折疊成能量上最安定

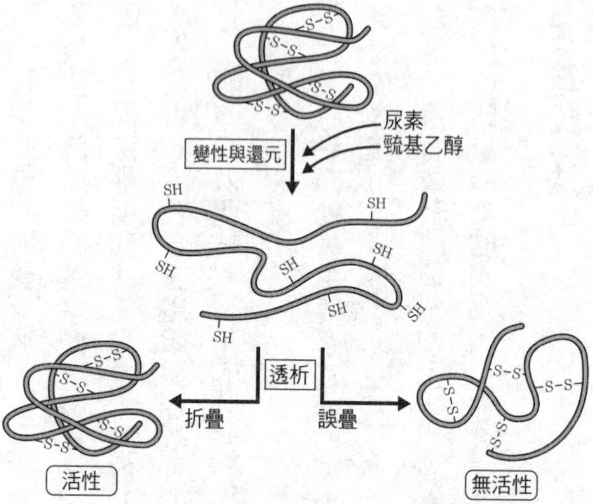

圖 3-3　安芬森的「重繞」實驗

的構造。一九六〇年代初期，美國生化學家C.B.安芬森（C. B. Anfinsen）曾利用實驗確定這個理論，那就是所謂的「重繞實驗」（圖3-3）。在這個實驗中，安芬森將已經正確折疊的蛋白質，恢復成原來的多肽鏈，然後檢查這些多肽鏈能否再以正確的形狀折疊。

在一種叫做核糖核酸酶A的酵素上，滴進巰基乙醇的試劑，切斷雙硫鍵（這叫做還元），同時，再以尿素破壞高級結構（這叫做變性），使其變性為一條多肽鏈。接著，將這條變性的核糖核酸酶A的溶液，先經過「透析」（與腎臟病患者接受的「人工透析」基本上相同），再慢慢地去除酵尿素和巰基乙醇。如此一來，變性後的多肽中出現的核糖核酸酶A，具有與原本相同的酵素活性。具有酵素活性即意味著折疊已正確地完成了。

從這裡，安芬森導出一個極其簡單明快的結論，那就是蛋白質的高級結構，只靠胺基酸一次序列，就能自動決定。多肽的一級結構規定了高級結構，這就叫做「安芬森的法則」，他的研究在一九七二年獲得了諾貝爾化學獎。

試管中、細胞中

這雖然是四十年前的實驗，但是這個法則至今在基本上仍是正確的。但後來證明，它只有在極有限的條件下才成立。

某個具有一級構造的多肽，到最後會有一個固定的安定結構，而獲得了功能。但是這裡有個遺漏之處，那就是折疊發生的環境問題。在試管中蛋白質濃度比較低的狀態下進行實驗時，安芬森的法則是成立的。但蛋白質待在像細胞內部那樣濃度極高的環境中時，它就未必成立了。這是最近二十年經過多次研究才逐漸明瞭的結果。一個蛋白質在折疊的時候，很容易與周圍的蛋白質相互作用。

圖3-4是呈現大腸菌細胞內如何混雜的模式圖。大腸菌的大小約為一微米，是動物細胞的二十分之一。從它的細胞切割出邊長〇·一微米的立方體，預估這裡面約

有三十個核糖體，三百四十個ｔＲＮＡ，還有二十一個稱之為ＧｒｏＥＬ的分子伴護蛋白（後述），其他蛋白質五百個以上。蛋白質擠得幾乎沒有任何空間，其中還塞滿了水分子。在這樣的環境中，多肽沒有任何協助下，想要自動折疊為正確的結構，是極度困難的。

蛋白質的凝集

最大的原因在於細胞質中大部分都是水。就像前面提到的，疏水性胺基酸難以融於水環境，容易經由疏水作用互相聚集。從核糖體的孔出來的多肽，其疏水性胺基酸簇直接暴露於外地進入水環境，因此並不安定。

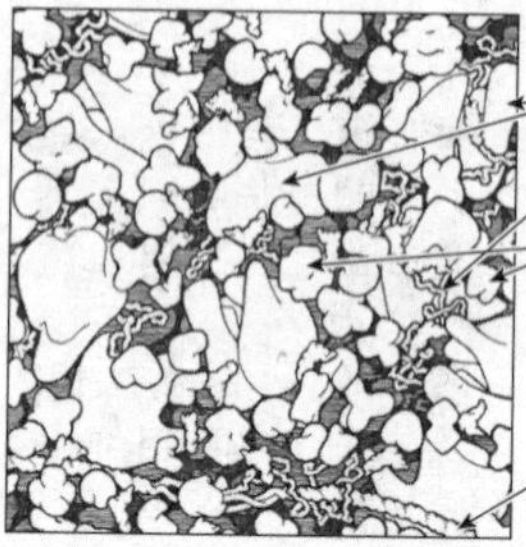

圖 3-4　大腸菌的細胞質

因此，就如「物以類聚」的意思，不融於水的分子會聚集起來。一條多肽上其他部分的疏水性胺基酸簇，也會因為疏水作用而聚集，甚至與鄰近核糖體製造的其他多肽的疏水胺基酸簇凝集。由於極度不安定，因而只要有疏水性胺基酸的物質來到附近，不管對方是什麼，都會快速地黏在一起。於是，好不容易製造出來的多肽，最後便折疊錯誤了。核糖體好不容易製造了多肽，卻因為一直發生這種狀況，而無法形成正確的結構。

更糟糕的是，錯誤折疊的蛋白質，其疏水性胺基酸簇容易曝露在外側。露出的疏水性胺基酸分子排斥水，於是又會與別的錯誤折疊蛋白質，形成分子間的集合。這就叫做蛋白質的凝集。凝集自然是因為疏水性胺基酸分子的疏水作用所造成的。

就像在人類社會中，尤其是青少年容易走上歹路一般，在還不能確實了解真正自我的狀態下（也就是結構還不夠完全的狀態），容易受到壞的誘惑。當附近有疏水性胺基酸簇靠過來，便自然地向它靠攏。大人必須在視線所及之處，保護這些身心還不穩定、不懂世事的小孩不受罪惡的誘惑，這在蛋白質的世界也是必要的。一旦踏進誤疊、變性的歹路上，遇到臭味相投的同伴，自然會非常愉快而凝集得更嚴重，造成相當大的麻煩。

伴護者——分子伴護蛋白出場

蛋白質若是無法正確合成，細胞便無法維持生命。那麼，該怎麼辦呢？此時出現的，就是一群稱之為伴護蛋白的蛋白質。

分子伴護蛋白具有多種功能，但最應首先提到的重要功能，就是它能選擇性地與疏水性胺基酸簇結合，發揮保護罩的功能。例如，有一種代表性的分子伴護蛋白，叫做ＨＳＰ70。ＨＳＰ是熱休克蛋白（Heat Shock Portein）的簡稱。它是一種細胞受到曝露在高溫（四十度以上）等逆境時被誘導出來的蛋白質。於是，一般都加上分子大小（分子量）的數字作為標示。ＨＳＰ分子中有β摺板形成的溝，這種溝是疏水性的，所以疏水性胺基酸產生的多肽會陷入溝中，於是，分子伴護蛋白的溝，便會罩住多肽的疏水性部分，使它在細胞內安定地存在。

從熱休克蛋白質到逆境蛋白質

分子伴護蛋白的研究，可以追溯到一九三〇年代的果蠅研究。學者觀察到，當在果蠅的幼蟲上加熱，它的發育會在某特定階段停止，或者成蟲的翅膀會變成四片。這是來自非遺傳性因素的突變，一種叫做「模擬表型」（phenocopy）的現象。在果蠅的唾液腺等處，沒有細胞分裂，只是反覆進行ＤＮＡ合成。結果，相同的染色體聚成一堆，形成一條巨大染色體，或叫多絲染色體。在模擬表型的觀察經過四分之一個世紀之後，一九六二年，義大利的F.M.里多薩（F. M. Ritossa）觀察到，將果蠅的幼蟲曝露在比平常高幾度的溫度下（也就是予以熱休克），則多絲染色體明顯產生膨脹。這種現象叫做puff（膨鬆，也有人譯為膨突）。後來才知道在puff下會活潑地合成出ｍＲＮＡ。這樣一來，人們很自然認為熱休克能特異地誘導出某些蛋白質。到了一九七〇年代，科學界便提出HSP90、HSP70、HSP27等一群熱休克蛋白質（HSP）的報告。

後來發現不只是熱能誘導出熱休克蛋白質，像水銀、鎘或砷等含重金屬的有毒物質、低氧、活性氧等的氧化逆境、葡萄糖饑餓（glucose starvation）、局部缺血等，同樣都能誘導出熱休克蛋白質。在細胞製造出異常蛋白質的病態狀況中，這算是一般常見的現象，因而熱休克蛋白質現在更廣泛地稱為逆境蛋白質。

從逆境蛋白質到分子伴護蛋白

到了一九八〇年代後期，科學家明瞭逆境蛋白質並不是只有在施以逆境的狀態下才能找到，在普通細胞中也有某種程度的發現，有些狀況還能製造出相當多的量。生成過程中未成熟的蛋白質，雖然很容易發生誤疊或是凝集的現象，但這些逆境蛋白質卻能對那些合成中的多肽產生作用，幫助它成熟。於是有人提議將這些功能稱之為「分子伴護蛋白」。

「伴護」這個名字，是法語「chapeau（帽子）」轉化而來的。原本指的是在社交界，有一種擔任「護花使者」的婦人，會協助第一次參加社交活動的少女戴上帽子，然後帶她們到舞會，自己在休息室等候。這種婦人戴著帽子，因而外人都稱她為「chaperon（伴護者）」。在雷諾瓦的一幅世界名作〈煎餅磨坊〉中，正中央戴帽子的女人，似乎就是伴護者。分子世界的伴護者教導初長成的年輕淑女多肽，在她們初次到社交界亮相時，會帶著她們到會場，等她們能獨立時，便悄然離去。果然如同它的名字，扮演伴護者的角色。

用語言命名是一件奇妙的事，當你一旦用「伴護」這個名字來稱呼它時，就能從它的範疇或它的概念來理解與之相似的功能。細胞內的種種作用因為一個名稱，而能整理得很完全。就像我們看到雜草的時候，看不出每一根草的個性，但是一旦記住它的名字之後，即使生在野地，你也能馬上從遠方看見它的存在。而我們用分子伴護蛋白這個詞稱呼它之後，就在細胞各個角落看到它該有的功能。也因此分子伴護蛋白的研究，一舉有了戲劇性的進步。許多逆境蛋白質，都具有分子伴護的功能。

在大腸菌中工作的伴護蛋白

我們就以大腸菌為例，實際看看核糖體內製造的多肽正確折疊的過程吧（圖3-5）。從這裡我們可以知道，一個蛋白質從製造之初到合成為止，有多少伴護蛋白參與這項工作。

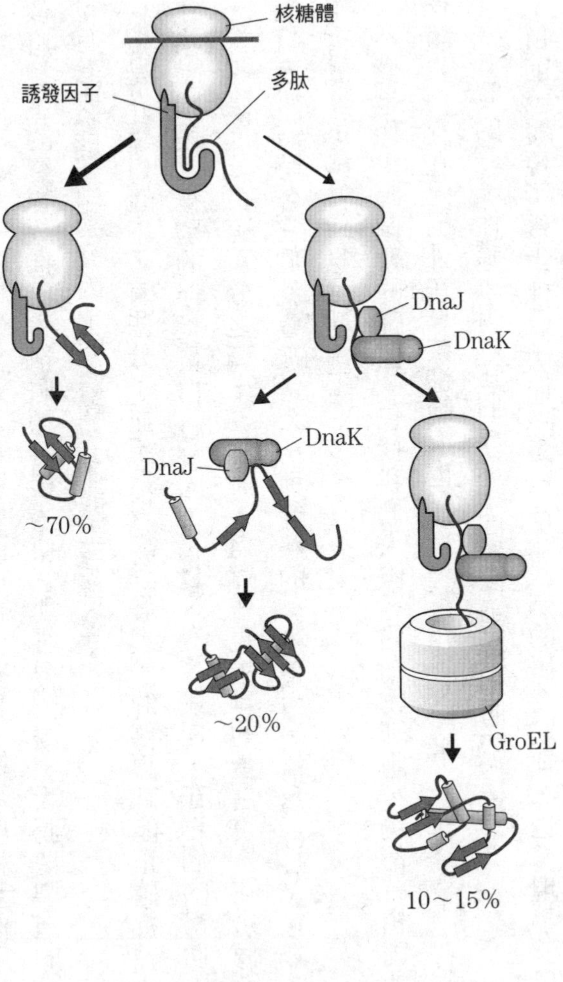

圖 3-5 大腸菌中多肽折疊的進行圖

有一種伴護蛋白稱為誘發因子（trigger factor），它會與核糖體結合。剛製造出來的多肽從核糖體的孔出來之後，首先進入誘發因子的籠狀構造中，它在這個籠子裡開始折疊。在籠中就算曝露出疏水性胺基酸，也沒有和其他多肽相互作用的危險。就像將初生的寶寶放進籃子裡照顧一樣，使它與外界隔離。大腸菌製造的多肽中，據說有七成都受到誘發因子的照顧，才能正確折疊。

但是在蛋白質中，有些分子並不是只靠誘發因子的伴護就能正確折疊，它們必須在第二階段，被別的伴護蛋白ＤＮＡＪ、ＤＮＡＫ接住，在它們的幫助下進行折疊。據說這部分占有百分之二十。然而，還有些更複雜的蛋白質，在這個階段仍然不能折疊，這時，它們就會被送入一種筒狀的伴護蛋白，稱為ＧｒｏＥＬ，在那個筒中折疊。這部分約有百分之十至十五。

不僅是像大腸菌類的細菌，包括我們人體等的動物細胞，也都有相同功能的分子伴護蛋白存在。另外在真核細胞中也存在相當於誘發因子、ＤＮＡＪ、ＤＮＡＫ、ＧｒｏＥＬ的分子伴護蛋白，它們也以相同順序進行相同的作用。

目前已發現了幾十種分子伴護蛋白（在我們的研究室裡，也發現了三種新型分子伴護蛋白，已提出報告），並且研究出它們的種種工作方式。新製成的多肽，便是藉由這些分子伴護蛋白之力，開始正確折疊，而得以在細胞中發揮功能。

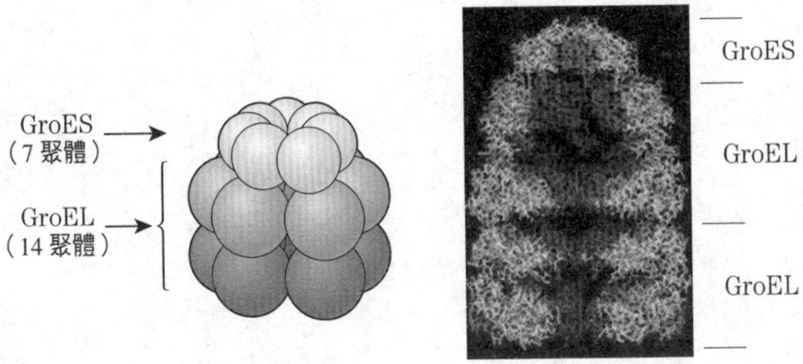

圖 3-6　GroEL 的結構

在搖籃中折疊

分子伴護蛋白是如何幫助多肽折疊呢？讓我們把焦點放在剛才提過的筒狀伴護蛋白GroEL，實際看看它怎麼作用。如圖3-6所示，GroEL具有同樣七個次單位集合而成的七聚體樽狀或環狀構造，是一個精巧得令人驚異的折疊機器。

GroEL環是由疊成雙層的十四聚體組成，但這個環上還蓋著一個帽子般的七聚體小伴護蛋白，叫做GroES，它會塞住中央的洞。這個帽子隔離了GroEL環的空洞與細胞內其他蛋白質，形成一個無菌室。就像醫生把剛出生的嬰兒放進無菌室般，它也把剛形成的多肽放進這個洞裡，在不受其他蛋白質干擾下進行折疊。由於GroES協助伴護蛋白工作，因此很多人都叫它小伴護蛋白。

「電動搗米器」的架構

ＧｒｏＥＳ的雙層甜甜圈中，兩層洞裡分別有不同的折疊在進行（見圖3-7）。騎機車的人應該很熟悉，這種折疊的系統，就像機車的二汽缸引擎一樣，上與下正好呈一百八十度位相相反的交互運動。此處我們以上面為基準來看，首先，相當於帽子的ＧｒｏＥＳ在打開的狀態下，接受未折疊的多肽進來。這多肽的疏水性部分與ＧｒｏＥＬ入口邊緣的疏水性領域結合。接下來，ＡＴＰ與ＧｒｏＥＬ結合，ＧｒｏＥＬ環發生結構改變。露出於環緣的疏水性領域會向內側凹折。

於是，在該處結合的多肽少了疏水作用的對象，便滑入空洞中。那一剎那間，ＧｒｏＥＳ蓋上蓋子，形成了一個安全的搖籃。ＧｒｏＥＬ本身具有讓ＡＴＰ加水分解的活性，可將ＡＴＰ水解成ＡＤＰ（Adenosine Diphos Phate，腺苷二磷酸）而獲得能量，這能量再使ＧｒｏＥＳ環的結構產生變化。此時，在環中的多肽受到形成四周環壁的原子的力量，進行折疊。

如果為這個過程找一個比喻的話，就是電動搗米器。它是一種底部裝有絞刀，和四周相當於臼可以轉動的機器。把糯米放進裡面，打開機器，絞刀的力量會使糯米搖動、旋轉、再搖動，同時搗爛成為米糰。在ＧｒｏＥＬ中發生的狀況，與它的

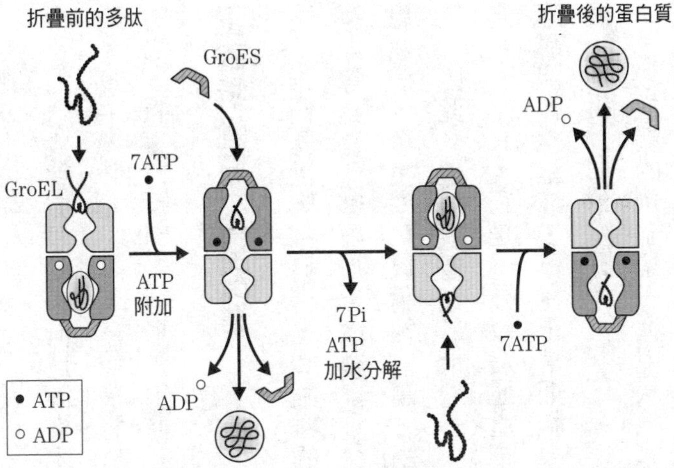

圖 3-7　GroEL 中的折疊系統

原理很相近。隨著周圍的GroEL發生結構變化，也對裡面的多肽施力，因而開始進行折疊。

上側的甜甜圈在發生這種反應時，下側的甜甜圈則以相反的位相進行反應。如圖3-7所示，下側環的帽子GroES一附著的同時，另一側的GroES便張開，將其中的多肽放出來。此時，如果其中的多肽已正確折疊，則過程便結束了。若是還未成熟，它會重新再走一次流程。這叫做GroEL循環。美國的A.霍維奇（A. Horwich）與日本吉田賢右（東京工業大學）團隊曾進行詳細的解析，甚至連每個步驟所需時間都計算出來。從研究結果可知，一個循環大約需要八到十五秒的時間。

在二十年前，科學家認為只要從DNA讀取訊息，正確排列出胺基酸時，蛋白質的合成就完畢了。但是後來才知道，在細胞中，多肽要形成正確的結構，需要GroEL／GroES等多種分子伴護蛋白的幫助，才能正確折疊成蛋白質。反言之，將蛋白質引導到正確結構，其實是很困難的。

正確折疊原來這麼難

我們就以維持結構尤其困難的膜蛋白為例吧。有一種病叫做囊泡性纖維症（也有人譯為囊性纖維化，或纖維囊腫）。在歐美，兩千五百名新生兒中，就有一名罹患此病，發生率可以說相當高，由於它會造成呼吸器官和外分泌系統的多重器官不全，因此，罹病者多在二十到三十歲間死亡，是一種難治之症。致病的蛋白質簡稱為CFTR，它是一種製造通道讓氯離子通過膜的蛋白質。CFTR發生突變就引起囊泡性纖維症，但在正常細胞中，這種蛋白質合成之後，有百分之七十五會因未能正確折疊而被分解掉。

最極端的例子是一種甲狀腺過氧化酵素。這種蛋白質也會通過膜，但據科學研究報告說，這種合成的蛋白質，僅有百分之二能正確到達細胞表面，其他大多因為沒有正確折疊而被銷毀。

這很浪費吧。為了製造一個蛋白質，必須轉錄、轉譯、然後折疊，它得消耗多少個分子的ATP呢？用了這麼多能量製造出來，生物卻毫不在乎地將它銷毀，真的是太浪費了。在第六章的品質管理中，我們會提到這部分，但就生物的策略來說，與其小心翼翼地製造出一個個完美的蛋白質，它們寧可先粗製濫造一番，再捨棄壞的東西，留下好東西。生物在這個部分，可以說相當馬虎。

逆境蛋白質

但是，不論分子伴護蛋白如何活躍，為了維持細胞內蛋白質的正確結構，並不是在一開始折疊時注意就好了，事實上，細胞常常承受各種逆境。因此，蛋白質也曝露在經常變性的危險之下。蛋白質一旦變性，就很容易產生凝集，因而必須做某些處置，以阻止蛋白質的變性或凝集，或者使已變性的蛋白質再生利用。在蛋白質合成瀕臨危機時，出動來保護它們的叫做逆境蛋白質。逆境蛋白質有好幾種，幾乎所有都與分子伴護蛋白的功能重疊，同樣擔任「伴護者」的角色。

這裡所謂的逆境，指的是什麼呢？把它想成發熱，就比較容易了解了。我們人體的細胞，通常保持在三十六度左右。但是，比如感冒發燒的時候，體溫便會升到三十九度，小孩甚至會升到四十度。一般來說，熱能會變成運動能，令分子劇烈運動。冷水用火來燒會發熱沸騰，水分子吸收了熱能後，會將它轉變成運動能量，並開始劇烈運動。蛋白質也一樣。在細胞上加熱，構成胺基酸的原子們，便會趨於活潑運動，原本好不容易將疏水性胺基酸折疊在裡面，保持安定的結構，然而一旦結構裡的原子獲得熱能，它便會開始活潑地運動，這樣便又破壞整體的安定結構了。最後，疏水性胺基酸簇因為露出在分子表面而不安分，產生了凝集現象。

雖然在人的身體中，發熱是一種不正常狀態，但因熱而導致的蛋白質凝集，卻是我們日常生活中的家常便飯。比如，做菜時，烤、煎肉或魚的時候，蛋白質就會變性、凝集。更容易了解的典型例證是水煮蛋。生蛋的時候，蛋內所含的蛋白質是融於水的狀態。在蛋下加熱，就會成為水煮蛋。而簡而言之，水煮蛋便是蛋白質（以及其他）發生凝集凝固的狀態。這麼解釋，「凝集」的現象便很容易想像了。

水煮蛋吃起來口感好，所以無所謂，但若是我們細胞中的蛋白質凝固的話，細胞就會死亡。那麼，該怎麼辦才好呢？細胞備有一種應付這種狀態、百戰百勝的機制。那就是派出逆境蛋白質迎戰。

蛋白質的維修員

分子伴護蛋白與逆境蛋白質在功能上幾乎完全相同，在平常狀態下製造出來執行工作的，叫做伴護蛋白，但在逆境下快速誘導出來的就叫逆境蛋白質。許多伴護蛋白也會在逆境時被誘導出來，成為逆境蛋白質。例如施以熱逆境時，便會誘導逆境蛋白質（這種狀況也可叫做熱休克蛋白質）大量合成出來。這些逆境蛋白質會先靠近已變性的蛋白質曝露在外的疏水性胺基酸簇，將它們掩蓋起來，阻止凝集的發生。接下來，就像前述分子伴護蛋白的功能一樣，它會使用ATP能量，讓變性蛋白質回到原狀、再生（圖3-8）。因此逆境蛋白質（分子伴護蛋白）等於是蛋白質的維修員。

這個機制真的這麼完善嗎？我們可以在試管中讓它重現。例如用尿素之類的變性劑，讓試管裡的蛋白質變性。由於蛋白質是否維持正確結構，可以從活性來分辨，因此，這種實驗多以酵素來做為素材。然後，我們從已變性的酵素液中去除變性劑尿素。事實上，只要將尿素稀釋，它的濃度就會大大降低。這時，再加入分子伴護蛋白和ATP，驚人的是，酵素活性會再次出現。這和安芬森的實驗基本上是相同的。但此時如果沒有分子伴護蛋白，幾乎是不可能看到酵素恢復活性。這是分子伴護蛋白促進折疊重頭再來（又叫再折疊，Refolding）的結果。

《自然》和《細胞》雜誌揭露了這個研究的內容。當時，大家都只覺得「照道理看應該可行吧」，但誰也沒有帶著懷疑之心，親身去做過這個實驗。而這次實驗最讓我深有體悟的是，看上去再簡單愚蠢的事，如果沒有實際去做做看，什麼東西都不會開始。在實驗科學中，往往需要一股蠻勇。孔子說過，「學而不思則罔，思而不學則殆。」但在實驗科學中，光只是學，光只是思還是不夠的，還要實際動手去證明，這種行動力十分重要。快捷、衝動，在世人的感覺中，似乎不是太好的用詞，但我們致力於實驗科學的研究者，卻要一想到便立刻嘗試，動作迅速是十分重要的。

現在，科學家已在各種不同的蛋白質上，確認了這個原理。檢測變性蛋白質的（酵素）活性恢復度，已成為確定伴護蛋白活性的固定實驗手法了。

水煮蛋變回生蛋！

在施於細胞的種種逆境下，逆境蛋白質（分子伴護蛋白）具有防禦細胞內蛋白質不凝集的功能。但是，不僅如此，還有些更厲害的伴護蛋白，可將已經凝集的蛋白質分解。在酵母來說，那是一種叫做HSP104的伴護蛋白，由六聚體環組成，它與大腸菌中一種叫ClpB的伴護蛋白，具有相同的構造。

在試管中的實驗發現，加入HSP104、HSP70等分子伴護蛋白，並補充ATP作為能量，則已凝集的蛋白質便可融解，進而再生。也就是恢復了（酵素）的活性（圖3-8）。這是多麼驚人的事實！因為這表示水煮蛋可以變回生蛋（正確折疊）！當然，在現實中，水煮蛋不能恢復成生蛋，但細胞中卻發生了類似的狀況。

目前還不明白是什麼樣的機制將凝集分解開，但一般認為應該就像解開毛線球的過程吧。把凝集的蛋白質想像成捲起來的毛線球。而多肽這條毛線出現了打結、混成一團的狀態。一般要解開這個毛線團時，會從毛線的一端將它拉出來，一邊把線團解開。HSP104也是抓住打結的多肽一端，通過甜甜圈狀的孔中，將結成一團的多肽慢慢解開，復原成一條鏈子。現在許多研究者還在思考，它能不能讓多肽再折疊。

伴護蛋白的運作原理有三

這裡，我們來整理一下伴護蛋白的運作原理。

就像前面所述，伴護蛋白有很多種類，因此運作原理看起來也有很多種。原本變性的狀態也是變化多端的，因此人們自然也認為為了應付這些多變的變性狀態，就得有更多樣性的方法來解決。但是，其實伴護蛋白的運作原理極其單純。依照吉田賢三的看法，可大略分成三種方法（圖3-9）。分別是「隔離型」、「結合解離型」和「穿線型」。

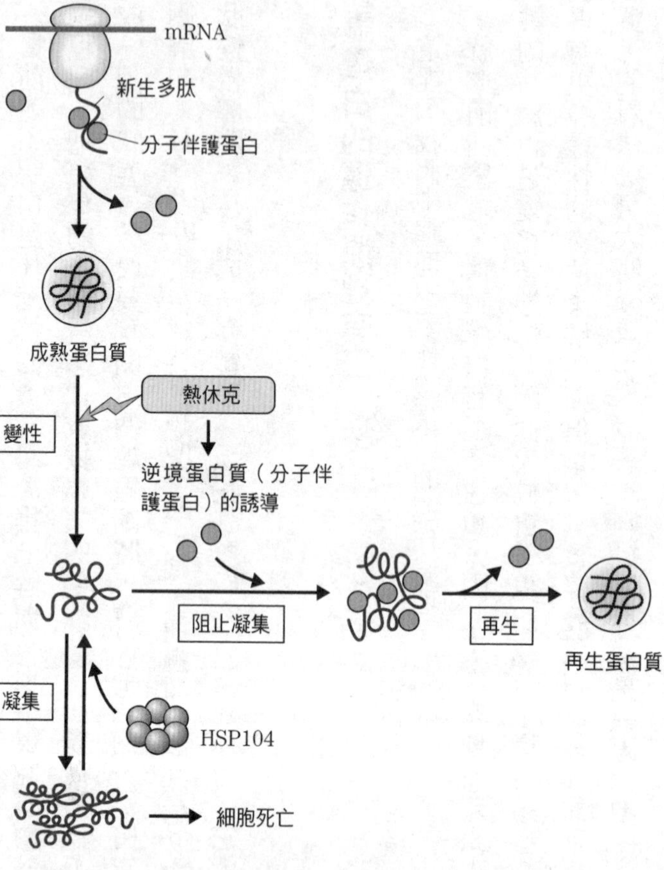

圖 3-8　蛋白質的變性與在逆境蛋白質幫助下再生

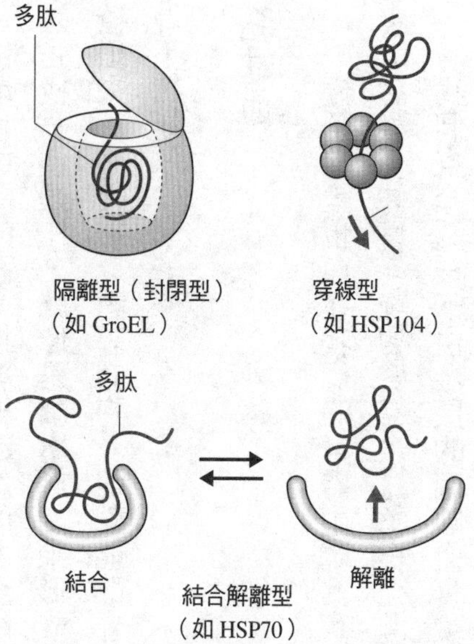

圖 3-9 伴護蛋白的 3 個運作原理

第一種「隔離型」的方法，就像GroEL／GroES那樣，把已變性或誤疊的蛋白質單一分子，放入籃中隔離，使其在不會與其他同類分子凝集下折疊。若為新生的蛋白質，就放入搖籃，若為變性蛋白質，就放進像留置場之類的地方。在那個搖籃或牆壁中，不用擔心它們會受到不良同伴的影響，可以守護它們慢慢的成長，或是等待重生。第二種方法就像HSP70等的狀況，先與變性蛋白質直接結合，姑且把疏水性部分塞住，然後再與變性蛋白質之間反覆「結合解離」，等待它自動折疊。如果它正確折疊的話，疏水性殘基便會在分子內部折疊起來，不會形成無意義的凝集。它就像個保護觀察員，若是分子有惡化情勢，就會出面予以保護，直到完全更生之後才放開它們。而第三種方法，是像HSP104那樣，讓變性或凝集的多肽通過分子伴護蛋白環型中間的孔，把糾纏混雜的多肽線慢慢解開，給予它再次折疊的機會。如果勉強找一個類比，就像是飆車族如果形成集團就難以對付，但若是把一個人從團體拉出來，然後加以諄諄教誨，他就能改邪歸正成為好孩子了。不過這個例子可能舉得不夠好。

腦缺血

分子伴護蛋白在我們的身體中，其實擔負著各種重要的任務。如果說我們能健康地活著，其實都歸功於分子伴護蛋白的默默守護，也並非言過其實。

我們來介紹一下白老鼠的腦缺血實驗，作為簡單的範例吧。當腦的毛細血管因為血栓而阻塞，後面的血管沒有血液通過，就會引起腦中風。腦中風因為在梗塞巢之後的血管沒有血液流經，就算得到救治，也會出現各種危殆的後遺症。相信大家對此都很了解。

我們的研究室中，曾經利用白老鼠或老鼠，進行腦缺血與逆境蛋白質有何關聯

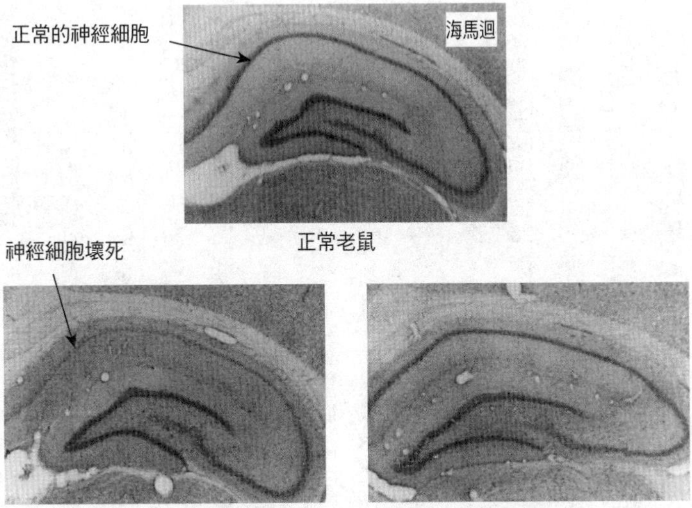

正常老鼠

30 分鐘缺血→血液再通七日後

5 分鐘缺血→血液再通 2 日→ 30 分鐘缺血→血液再通 7 日後

圖 3-10　腦缺血與遲發性神經元壞死（海馬迴領域）

的實驗。圖3-10是白老鼠的腦，神經細胞以色素染黑（實際上是紫色）。變色的是腦中一個叫做海馬迴的領域，掌管記憶的部分。海馬迴中有一連串神經細胞密集的部位，正常老鼠的大腦中是呈現「く」字形。

我們的實驗是把通過老鼠大腦的血管壓住三十分鐘，使它缺血，接著再放開血管。血液再流過後，老鼠並沒有死。但是經過七天後，我們解剖老鼠，檢查海馬迴的領域，發現海馬迴的神經細胞就像左下圖所呈現，已有顯著的死亡和脫落。從缺血時開始，神經細胞便慢慢死亡，所以又叫做「遲發性神經元壞死」。

獲得逆境耐性

右下圖的老鼠大腦，也和左下圖一樣，是經過三十分鐘缺血後，讓血液再通過七天後的情形。但是海馬迴領域的神經細胞，卻和正常老鼠的大腦沒有什麼差別，事實上，這隻老鼠在做三十分鐘缺血的兩天前，曾做過五分鐘缺血。五分鐘缺血，解開緊束，使之再通血兩天。兩天後使之缺血三十分鐘，然後再通血，經過七天後觀察。這隻老鼠儘管缺血三十分鐘，海馬迴的神經元卻十分健康，跟沒有施予缺血的老鼠沒有差別。這是為什麼呢？

重點在於這隻老鼠之前有過五分鐘缺血。對細胞施以像三十分鐘缺血這種強烈的逆境，蛋白質會產生變性，神經元也會死亡。但是，像五分鐘缺血這種輕微逆境，細胞並未損傷。但因為經歷過這種輕微逆境，細胞有了製作儲存逆境蛋白質的機會。由於細胞儲存了逆境蛋白質，之後即使再接受強烈逆境，細胞中的許多蛋白質也能防禦缺血的逆境，細胞便不會死亡。這就叫做「逆境耐性」。在這裡所談到的是對缺血的耐性，所以又叫「缺血耐性」。

當然，這種現象並不是只有缺血時才會產生，熱逆境也是一樣。通常在三十七度培養的細胞，將之曝露在四十五度下十分鐘後，細胞便會死亡。但是，如果先將它施以四十一度的弱逆境十分鐘，經過一小時後，再和先前一樣，施以四十五度的強烈逆境，這時細胞已獲得耐性。因為一開始的弱逆境，使得逆境蛋白質被誘導出來，並且儲存。這種狀況，則叫做熱耐性。

不只對熱和缺血，逆境蛋白質還能面對來自外部種種刺激，阻止蛋白質變性，守護細胞，乃至我們的身體。它總是在危急的時刻飄然現身，解救女主角於萬一，就像是超人或假面超人、鹹蛋超人般的人物。為了保護人體的體內平衡（homeostasis），逆境蛋白質和分子伴護蛋白不分日夜的工作。

應用在移植手術

我們不妨來思考一下肝臟等內臟的移植手術，作為逆境蛋白質的臨床實用範例。在移植手術開始前，有時會遇到不能立即移植的場面，例如必須將器官運送到接受移植患者所在的遙遠場所。這時從生體切割下來的器官，處於長期缺血的狀態，當然會有損壞發生，而且跟時間長短成正比。因此，在運送過程中經常必須將器官冰存起來，停止細胞的代謝，以極力抑制損壞的發生。

然而，缺血造成的細胞損害還是很嚴重。面對這種狀況，醫學界正摸索一種積極誘導逆境蛋白質，使器官獲得缺血耐性的方法。當器官還未從生體摘下時，先施以熱休克，誘導逆境蛋白質生成。之後再將器官取出、運送時逆境蛋白質能保護器官內的蛋白質不發生變性，也就可以再延長一點保有器官的時間。雖然它還未實用化，但實際在臨床上摸索，成為有可能成功的方法之一。

癌症治療與逆境蛋白質

分子伴護蛋白和逆境蛋白質是我們的守護天使，但是就像盾也有兩面，它們也會適得其反，造成困擾的狀態。癌症的熱療法就是其一。

癌症有五個代表性的治療方法，包括有切除腫瘤組織的外科手術、以抗癌劑進行化學療法、在患部照射放射線，殺死癌細胞的放射線療法等。第四種是免疫療法，一般人可能不太熟悉，但如果我提到靈芝，大家都會有印象吧。癌細胞是將原本身體的細胞癌化形成的，它與正常細胞的差異非常微小。只靠免疫系統是很難將它當成異物完全排除的。但有一種方法，投予具有活化免疫力作用的物質，像是某種多醣類，來提高免疫力，就能殺死癌細胞。除了這種非特異性免疫療法之外，最近，一種特異性免疫療法也有相當大的發展，它是讓患者自己的淋巴球記憶癌細胞的特徵，只對癌細胞做特異性的攻擊。

除了這四種大眾熟悉的癌症療法之外，還有一種最近才納入保險項目的熱療法，成為第五種癌症療法。它一種使用電磁波，對癌組織加熱的療法。它的原理和用微波爐加熱食物相同。讓腫瘤組織保持高溫，引發癌細胞中的蛋白質變性，然後期待癌細胞死亡。

溫熱療法的實際運用

腫瘤組織的特徵，在於和正常組織比較之下，它處於低營養、低ph（弱酸性）與低氧的狀態。這有助於提高腫瘤組織對溫度的感受性。腫瘤組織內的血管也很發達，尤其癌細胞本身，會製造誘導血管的物質，將血管引導入自己的組織內，以獲取營養、增殖。癌細胞非常頑強，但是血管的發展不像正常細胞那麼成熟，所以它藉由血流冷卻的效果，也比正常組織差，溫度容易升高。這些特徵都使癌症的溫熱療法極具效果。

但麻煩的是，雖說是癌細胞，但它原本是我們宿主身上的細胞，當然對熱逆境會有反應，也會製造逆境蛋白質，產生自我防衛的能力。施予溫熱療法的第二天，再次施以熱度時，殘存的細胞已獲得熱耐性。因此，溫熱療法通常一週兩次，一次做完後形成的逆境蛋白質，必須等兩到三天才會消失，所以得等它消失時才能再次治療。

不過，逆境蛋白質是在組織受熱的過程中被誘導出來的。癌組織在血液流經後，不時會有少許冷卻的現象，因此，要花相當時間才能升達四十一度。在這期間，逆境蛋白質受到誘導，治療效果便會降低。總之，關於溫熱療法，該怎麼抑制逆境蛋白質的合成、誘導，還是個重要的課題。現在正在進行抑制藥劑的開發。

逆境蛋白質保護宿主的細胞是毋庸置疑的，但它所保護的是好細胞還是壞細胞，對待逆境蛋白質，是誘導好還是抑制好，都是我們必須再思考的問題。

嗜熱菌的逆境蛋白質

逆境蛋白質不是只存在於哺乳類這種高度進化的生物，在第一章曾提到，在溫泉或海底火山噴火口生存的細菌，即高度嗜熱菌，也會誘導逆境蛋白質。一般的細菌生存在十五至二十度，最多三十度的環境。正因為如此，食品放置幾天之後，放進火中加熱，將可能已發生的細菌殺死，或抑制它的發生，就能食用。但是，高度嗜熱菌，尤其是超嗜熱菌，可以生存在八十至九十度，或者更高溫的環境中。

令人驚訝的是，即使平常就生存在這種高溫下，但高度嗜熱菌還是會誘導出熱休克蛋白質。以高度嗜熱菌來說，以九十度左右培養，它即可存在，但僅僅增高五度，到達九十五度時，也同樣能誘導出逆境蛋白質。就像我們人類，體溫三十六度存活的生物，若是高燒到四十二度，身體就會熱得受不了。從我們的感覺來看，或許九十度和九十五度並沒有太大的差異。不過，雖說它們是高度嗜熱菌、超嗜熱菌，但僅僅五度之差，菌體內就會視為熱逆境，而開始製造逆境蛋白質。令人深切感受到，蛋白質構造是在如此纖細的平衡上成立的。

保護生命的系統

為應付熱休克等種種逆境，誘導逆境蛋白質，這叫做「逆境應答」，它是一種古老的機制，比免疫應答更早出現。植物也具有和細菌同樣功能的逆境蛋白質。科學家認為，逆境蛋白質是在進化最早時期出現的蛋白質之一。

在太古時代，我們的祖先是單細胞生物，細菌。現代人類擁有六十兆個細胞，死掉一兩個細胞，對身體完全沒有影響。但細菌生物，每一個細胞就是一個生命。「一個細胞死亡」就等於「一個個體死亡」。科學家認為，在沒有免疫反應等由許多細胞連繫、保護整個個體的防禦系統狀態下，逆境應答就成為單一細胞保護生命的系統，並且發展為左右生命生死、必要的自我防禦機制。

逆境應答的機制

在本章的最後，我想來談談細胞是如何應付逆境，製造出逆境蛋白質，也就是逆境應答的機制。

為了啟動基因，必須靠一種能活化轉錄的蛋白，與基因上游一段稱為啟動子的DNA結合。逆境蛋白質基因的啟動子有共通的序列，因而能與共通的轉錄活化蛋白（稱為heat shock factor, HSF）結合，使許多逆境蛋白質一起轉錄、轉譯。

通常HSF會與某種分子伴護蛋白結合，使HSF保持在非活性的狀態。因此，在正常狀態下不太容易發現逆境蛋白質。此時，在細胞施予熱休克，使細胞內大量蛋白質曝露在變性的危機中，這時細胞為應付這種狀況，便會下令要分子伴護蛋白緊急出動。因為它們需與變性蛋白質結合，防止凝集，幸運的話還能使蛋白質再生。到那時，與HSF結合的分子伴護蛋白也緊急出動，從HSF上解離。獨立後的HSF有了活性，便移動到細胞核，這使得一大群逆境蛋白質基因一起被啟動。這就是逆境引發逆境蛋白質出現的結構。總而言之，引起逆境應答的關鍵，就是細胞內蛋白質的變性。

逆境蛋白質大量合成後，就能免於細胞內蛋白質變性的危機。在這種狀態下，大量合成而多出來的逆境蛋白質，會再次與ＨＳＦ結合，ＨＳＦ也重新回到非活性化。到這時，逆境蛋白質的合成便會停止。生產出來的逆境蛋白質本身，藉由自我基因發現的負調整，避開了製造過多的危機，這叫做負反饋。只有在必要的時候製作，沒有必要時，就會停止合成，是一個非常完美的調整機制。

第4章

運輸

細胞內的物流系統

「運輸」的精巧系統

只要蛋白質結構正確，它自體就能發揮功能。但是，對細胞最有意義的是，蛋白質在它應該發揮功能的正確場所就能工作。再怎麼高竿的足球選手，在家裡踢球也沒有意義，只有站在足球場上，他才是一個足球選手。

蛋白質也是一樣，當它合成之後，就會被送到它應該工作的細胞內或細胞外的各個場所。蛋白質的運輸，比起人類社會的物流系統也毫不遜色。細胞內有一套極為完美的運輸系統。

在本章中，我們將分幾個狀況，實際來了解它的運輸系統。從蛋白質一生的觀點來說，你可以想像成進入壯年的蛋白質，終於要前往它的職場去工作了。

目的地的寫法——明信片與包裹的方式

運輸最重要的就是目的地要確實。指定目的地有兩種方式。

首先，是「明信片」式。明信片的表面寫了收信地址，背面寫內容，而蛋白質的目的地，則是寫在胺基酸的序列上。換言之，蛋白質要工作的場所，都已寫在基因裡面，它們一出生便決定好要在哪裡工作。蛋白質的世界裡，並不存在冒險流浪的故事。

第二種方式是「信、包裹」的方式。想運送的物品放進袋內，袋子上已寫有地址可以運送。這個信封或袋子，是一種用膜包圍的小袋，叫做「小泡」。後面我們會再詳述，例如從京都運送貨物到東京的話，信封上會寫「東京」兩字。而運到同一地點的貨物，如果收集起來，放到寫好地址的袋子，會更有效率。細胞內為了要有效率地運送貨物，建構了網目般的軌道和載運貨物到處跑的馬達蛋白質，來擔任小泡的運輸，算是運輸的基礎建設。

除了指定「請送到此處」的方法外，還有「請留在此地」的指定，就像是指定郵政信箱一般。只要想像把它留在郵局裡即可。和人類社會一樣，細胞中也有留在郵局的指令，這也都寫在蛋白質本身的胺基酸序列中。既有留在胞器內部的指令，也有貫通細胞膜後停留的指令，由各別的胺基酸序列發訊。

蛋白質的運輸路徑

從DNA轉錄到mRNA，以mRNA的訊息為基礎，用轉譯機器核糖體合成多肽的過程，在每個蛋白質都是一樣的。之後，它們會被運送到各個工作點，而依據目的地的不同，其運輸路徑和運輸方式也大相逕庭。大略可以分為四類。

蛋白質首先在細胞質內合成為多肽，在此處進行折疊，可溶性蛋白質留在細胞質內工作。此種例子中，合成好即當場工作，所以不用運送。多肽序列上沒有寫目的地的，就是在細胞質內工作的蛋白質。如同電腦一般，default（預設）這個字也變成常用字。在蛋白質來說，它的 default 就是細胞質。

接下來，可以將需要運輸的路徑分成以下三類（圖 4-1）。第一種是運輸到細胞核。第二類是運輸到粒線體或過氧化物酶等胞器，第三種是內質網經由高爾基體分泌到細胞外的狀況，也就是「中央分泌系統」。

除了在細胞質工作的狀況之外，以下，我們將詳細介紹三種運輸路徑，這三種各有其特徵。首先可大致分為兩種，一種是保持蛋白質結構的運輸，另一種是不保持結構的運輸。運輸到胞器中時，由於胞器為細胞膜所圍繞，所以必須直接通過細胞膜。膜上的小孔是打開的，所以多肽會通過這些小孔。這叫做膜滲透。而且，蛋白質折疊後無法通過，因此，必須採取在折疊前以一條多肽鏈通過膜上細孔的策略。

相比之下，運輸到細胞核所要通過的核孔，比蛋白質的直徑要大，所以蛋白質維持其結構，也能送得過去。用小泡運輸時，蛋白質會以包裹來運送，所以只要蛋白質的大小能進入小泡中，就能維持結構包裹起來。就包裹運輸的蛋白質能否保持

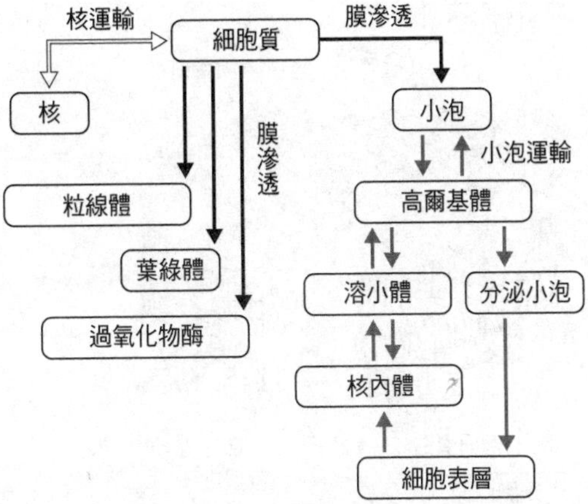

圖 4-1 細胞內運輸路徑

結構的觀點，只有膜運輸（膜滲透）與其他兩者是不同的。

但從貨物上有沒有寫好收件地址的觀點來看，運輸到細胞核，以及穿透膜到各胞器，都是直接在多肽上寫好地址；而用小泡運輸時，則會在袋子上寫上地址，這一點與其他兩者不同。

磷脂質的「膜」

考慮到運輸時，不論是膜滲透或是小泡運輸，膜都是一個重要的元素。因此，我們先就膜來做一個簡單的說明。

膜，是由磷脂質製造出來的。它是一種有頭和尾巴的結構。頭部是親水性，所以溶於水，但尾部卻是疏水性。疏水性的部分有互相聚集的特性，這和胺基酸的狀況相同。

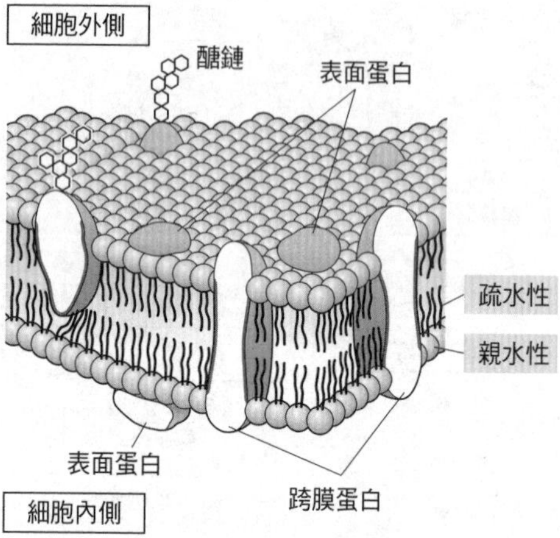

圖 4-2　細胞膜的模式圖

因此，親水性的部分排列在接觸水的一端，疏水性脂質的部分排列在內側，不需要接觸水。像這樣排列的雙重結構，就是所有膜的基本結構（圖 4-2）。不論是將細胞與環境隔離的表面膜，或是粒線體、內質網等胞器的膜，它們的基本結構都是相同的。由於磷脂質是雙層，所以又叫脂雙層分子。

製造「通道」的膜蛋白

從上圖即可了解，細胞膜是由磷脂質緊密排列而成，連水分都無法通過。一百平方奈米（一邊十奈米的四邊形）有兩萬個磷脂質排列，但實在很難具體地想像它是什麼樣子。然而，這個膜的結構非常有彈性，就其特性來說，可以把它想像成肥皂泡。肥皂泡會膨脹成種種形狀，也會與其他泡泡結合成一個泡泡，膜也會很活潑地改變形狀，或是與其他膜融合在一塊。

這個雙層的磷脂質中，其實包含了許許多多的蛋白質，它們自由而活潑地到處移動，我們稱它為膜蛋白。有些只有一部分會插入膜中，有些只單純黏在表面（表面蛋白），或是穿過脂雙層的蛋白質（跨膜蛋白）。貫穿的蛋白質中，又分為只穿過一次的蛋白質，和以一條多肽多次貫穿膜的蛋白質（圖4-2）。

跨膜蛋白質是連接細胞內外非常重要的元素。接收到細胞外的種種信號，將它傳達到細胞內的受體，大多是由這種跨膜蛋白質來擔任。此外，多次貫穿膜的蛋白質，也會聚集在膜貫通部位，成為一條小通道，扮演隧道的角色。雖然，物質要通過緊密排列的磷脂質十分困難，但像多肽、鈣離子或水分子等都必須以某種形式通過細胞膜。這時候通道就能發揮功能，而製造通道也是膜蛋白的重大功能之一。

信號假說

那麼，我們就以多肽通過內質網的過程為例，解釋一下膜滲透。洛克斐勒大學的生物學家G.布羅貝（G. Brobel）於一九八〇年代初提出「信號假說」。雖然當時已知道分泌性蛋白質或膜蛋白一旦進入內質網，會從那裡通過高爾基體，運輸到細胞

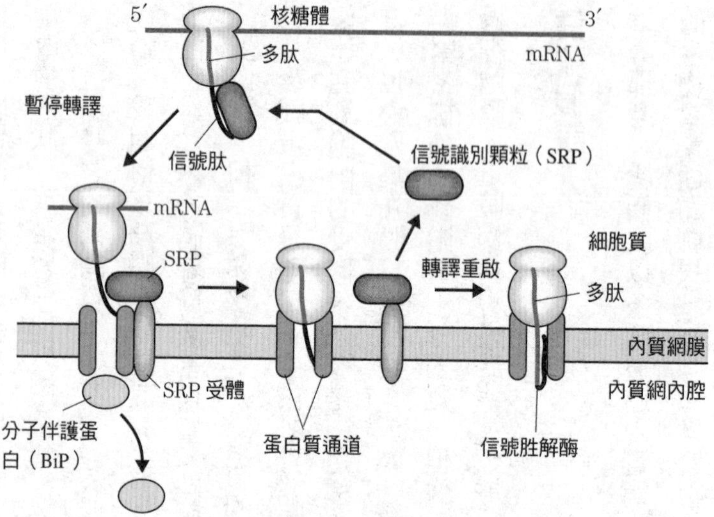

圖 4-3　信號假說與內質網膜通過

表面，但新製造出來的多肽是如何進入內質網的呢？為這個問題找出答案的就是布羅貝的信號假說（他因為這個假說，獲得一九九九年諾貝爾生化醫學獎）。圖 4-3 還加入了後來的發現。

此處有個很重要的地方，多肽通過的膜通道是個小孔，蛋白質如果呈折疊好的結構便無法通過，必須保持多肽的姿態通過。如果這時候細胞質內的長多肽鏈先合成的話，就更難以通過小孔了。只要想想在針上穿線就可以明瞭了。如果一條長線沒有輔助就想通過針孔，可能會因為線頭軟趴趴的，或是中間纏在一起打結，而無法順利穿過。

因此，多肽從核糖體出來時，會暫時停止合成，在那狀態下，連核糖體一起運到內質網所在的通道（這叫做蛋白通道（translocon）），然後插進去，把多肽壓進蛋白質通道。這就是多肽的內質網運輸與轉譯同時進行的系統，所以叫做共轉譯運輸（co-translational transport）。

共轉譯運輸的過程——穿針引線的技巧

多肽在核糖體內以mRNA的訊息為基礎，開始被轉譯。此處便出現信號序列。應該到內質網的多肽的讀取端，也就是N端，寫了「請至內質網」的訊息。這個地址由十幾個到二十幾個疏水性胺基酸連接的序列組成。這叫做信號序列，或是信號肽。

信號肽從核糖體的孔出來時，這些疏水性胜肽立刻被「信號識別顆粒」（Signal Recognition Particle, SRP）所識別，並且捕捉起來。由於與SRP結合，多肽的合成會暫停，保持這個狀態與位在內質網膜上、認識SRP的受體結合（圖4-3下段）。就像把線穿入針孔時，會露出一點線頭，好把它鑽進針孔中一般。但線頭太長，也會不太容易穿進去。大約是這種概念。

當SRP附著在SRP受體上，SRP就會從信號肽上解離，於是多肽再次開始合成。這時，在SRP導引而來的多肽，會鑽進蛋白質通道中。之後，核糖體便「坐在」通道上繼續轉譯，而多肽便像果凍一般被擠進內質網中。核糖體需要信號肽將之誘導到通道，但功成身退時，一種信號胜解酶會將信號肽切斷，只讓重要的多肽進入內質網中。這種既簡單又極有效率的運輸方法，實在令人佩服。

這個系統即使如此便已非常完美，但為了讓運輸進行得更順暢，其實還下了很多工夫。我們只介紹其中一種。由於內質網內外的鈣等離子濃度，或氧化還元的環境都完全不同，因此，如果通道孔一直打開的話，就無法保持各離子和氧化還元的環境，細胞便會死亡。因此，在核糖體到達通道前，一種名為B.iP的內質網分子伴護蛋白，會從內側蓋上蓋子，阻止低分子物質出入。細胞質端的通道口在核糖體坐著塞住後，不需要再加栓，於是內腔這端的B.iP便會脫離，打開往內部的道路。

幾乎所有的分泌性蛋白質，都以這樣的系統運輸到內質網中。膜蛋白的部分，除了信號肽外，在多肽內部還存在別的疏水性胺基酸簇。轉譯後該部分會被排列入內質網脂雙層中，由於兩者都是疏水性，可以保持安定。此時通道的孔，在膜內有一部分像門一樣打開，把合成到一半的疏水性胺基酸部分從脂雙層推出去。於是排列在內質網膜上的膜蛋白，就連膜一起運輸到細胞表面，完成信號受體和通道的功能。

醣鏈的附加——蛋白質修整門面

通過蛋白質通道，進入內質網內的蛋白質，仔細想來，它和從核糖體出來的多肽一樣，都是還沒有折疊的新生鏈。因此必須正確折疊，使其具有功能。在這個過程中，有三個反應十分重要。一是在多肽上附加醣鏈，以後削除的過程；一是胺基酸中的半胱胺酸互相結合的過程（這叫做雙硫鍵，參見八十二頁），最後是分子伴護蛋白協助下的折疊。

說到糖，大家立即會連想到砂糖，但砂糖只是通稱，在化學上叫做蔗糖，由葡萄糖和果糖兩個糖組成。細胞內不只有葡萄糖，還有很多種不同的糖。進入內質網的多肽中，含有一個叫天冬醯胺的胺基酸，這個胺基酸會連結由兩個N－乙醯葡萄胺糖（N-Acetylglucosamine）、九個甘露糖（Mannose）和三個葡萄糖，全部十四個糖連結在一起的鏈。由於與天冬醯胺（以單字母N標記）結合，所以叫做N型醣鏈。分泌性蛋白質與膜蛋白質，幾乎都附加了N型醣鏈，為了讓蛋白質穩定地發揮功能，它扮演了非常重要的角色。

內質網中的折疊

即使內質網中的新生蛋白質折疊時，分子伴護蛋白還是扮演重要的角色。在內質網裡最具代表性的伴護蛋白是鈣連結蛋白（Calnexin），但這個伴護蛋白是膜蛋白質，它的特徵是，在折疊時刻會識別醣鏈才工作。

內質網中的酵素會在最初附加的醣鏈上，削除兩個葡萄糖，而鈣連結蛋白識別的是只有一個葡萄糖的醣鏈。多肽雖然借助鈣連結蛋白來折疊，但最後剩下的一個葡萄糖，還是被酵素剪斷。不具葡萄糖的多肽從鈣連結蛋白脫離。醣鏈的用途只是伴護蛋白識別的信號（圖4-4）。

多肽若是在此處折疊成正確結構，便大功告成，合成的蛋白質會運輸到高爾基體。但是，若是折疊還未充分完成的話，便會再附加葡萄糖，讓鈣連結蛋白再次識別，重新進行折疊。在內質網工作的伴護蛋白並不只有鈣連結蛋白，但可以知道它會監測醣鏈的狀態，同時促進多肽的折疊，是一個精妙的系統。

迴紋針固定——雙硫鍵

另一個支撐蛋白質正確折疊的重要反應，是半胱胺酸的互相結合。多肽是一條

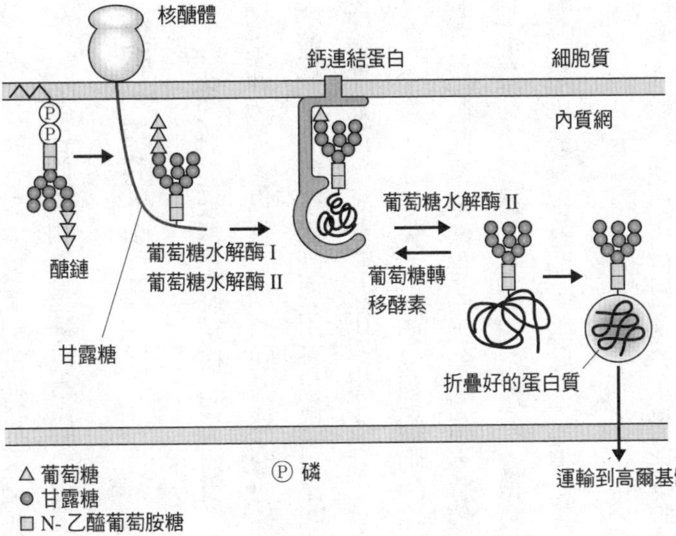

圖 4-4 鈣連結蛋白協助折疊的模式

鏈，折疊的時候，會利用氫原子之間互相作用的微弱力量（氫鍵）或胺基酸正負電荷間的靜電作用（離子鍵），以及疏水性胺基酸殘基間的疏水作用，來維持其結構。但是，這些力量太弱，如果不把它固定得牢一點，很容易就會解開。因此，必須加用迴紋針來讓多肽鏈不會鬆掉。

這裡所要提的，便是雙硫鍵。它是一種比離子鍵和氫鍵更為有力的原子鍵。每種蛋白質含有多少半胱胺酸並不一定，但只要這些半胱胺酸彼此待在接近的位置，酵素就會使半胱胺酸中的硫原子形成共價鍵。這是氧化反應所造成的狀態，只要不讓它處於強大的還元狀態，或是還元酵素沒有發揮作用，這個鍵就不會分開。這樣形成的雙硫鍵就像一支迴紋針一般，緊緊地把折疊好的多肽鏈結合在一起，不讓它們解開，是維持蛋白質結構的重要角色。

細胞「內的外側」

在內質網獲得正確結構的蛋白質，會從內質網被運到高爾基體去。運輸到內質網是通過膜，也就是利用膜滲透的方法，從信號來說，就是「明信片型」。但從內質網運輸到高爾基體則要用「包裹型」的「小泡運輸」。地址寫在包裹的名條上，不論多少件貨物，它都能裝在一起運送。

不過，除了先前我們提到細胞的「內和外」，你可知道細胞之中也有內外之別嗎？這聽起來好像是開玩笑的語言遊戲，但事實上是存在的。如果有人問我，胃的裡面是在人身體的外面還是裡面，稍微思考之後，應該會回答胃裡是在外面吧。因為口是朝著外部打開，因此，食道、胃、小腸、大腸、肛門等都是我們身體裡面的外面。

如圖4-5所示，內質網原本是從細胞核周圍的核膜伸展出來的。第一章曾提到，原始細菌細胞沒有核，而膜的一部分因為凹陷進入內側形成了核膜（參考三十一

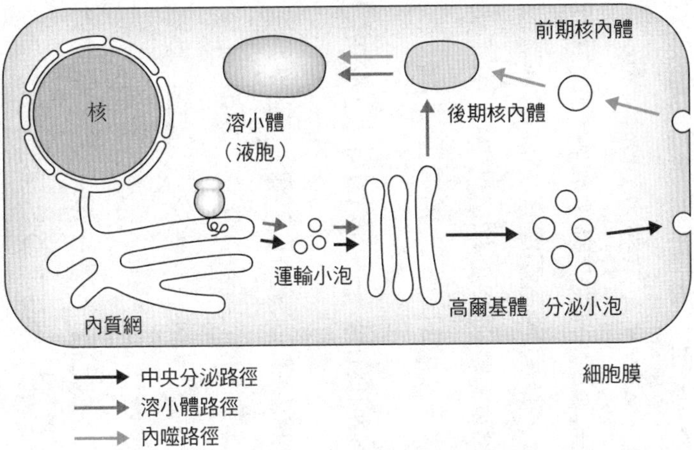

圖 4-5 中央分泌路徑與內噬作用

頁）。核膜的一部分伸展出來，形成重重疊疊的網狀構造，就是內質網。

內與外用顏色來區分就很清楚了。核膜的外膜與內膜之間的空間，相當於細胞的外部。外膜的一部分延伸出來形成的內質網，其內部便相當於細胞的外部。而且，先前所提到蛋白質穿過膜運輸到內質網，其實等於是從細胞內側輸送物質到外側。進入內質網的內腔中，在位相來說，蛋白質已經是在細胞之外了。

接下來，從內質網往下一站運輸，基本上是運用小泡運輸，但這不外乎是在小泡內部包住「外部」，將該「外部」一個一個按順序運輸的作業。進入內質網的蛋白質，從這一刻起便慢慢地轉移到「外部」去了。

內質網的膜會凹陷縮小，變成小小的小泡，它的膜會與高爾基體的膜融合，從自己的膜中取出小泡內的貨物。而且，高爾基體膜的內側，也一樣是細胞的「外部」。如圖4-7所示，高爾基體有數層，貨物會一層一層通過，而這些層中，當然一直屬於細胞的「外部」，在這裡面，膜再次凹陷形成分泌小泡，它的內側也仍是「外部」。最後，分泌小泡與細胞最外側的細胞膜融合，向外打開，這時才真正來到「細胞的外面」（圖4-5中的溶小體路徑和內噬路徑，容後敘述）。

「包裹型」名條——宅急便的便利性

進入內質網前，蛋白質本身寫有運送地址，但在那之後便由內質網「全權負責」了。每一個蛋白質都會包裝成包裹，依照袋子上寫好的地址合併運送。細胞內有許多包裹在細胞膜裡的胞器，但蛋白質要送到哪個胞器，必須事先決定才行。因此，它們需要一個名條，這就由兩種膜蛋白 v-SNARE（讀成 v-司內爾）和 t-SNARE 來擔任。v-SNARE 的 v 是小泡的英文（vesicle）的首字母，它會擔任指定地點的收件者。而 t-SNARE 的 t 是 target 的 t，可以把它想成是小泡指定要去的胞器的地址。

我們以內質網到高爾基體的運輸為例，來說明小泡運輸的過程。首先，內質網會凹陷製造出小泡，這叫做「芽生」。芽生之際，擔任名條的 v-SNARE 會被包進小泡的膜內，一部分露出小泡表面作為名條。當然，當小泡形成時，內部就已經將貨物（該運輸的蛋白質）打包好了。芽生的小泡遇到與自己攜帶的名條相同的地址門牌時，v-SNARE 和 t-SNARE 便會一對一的結合，確認地址正確無誤。確認之後，小泡的膜和 target 的膜會像兩個肥皂泡溶在一起般融合為一。小泡裡的貨物，就會被送進目的地的胞器，在這個例子中，便是高爾基體的膜中。

v-SNARE 和 t-SNARE 兩個膜都有很多種，要以哪個膜作為目標，該使用哪一個 v-SNARE 和 t-SNARE，都已是固定的。因此它能發揮一對一確認的名條功能。實際上，現在已發現，為因應細胞中胞器的多樣性，有三十種以上的 SNARE 蛋白質。

貨物運輸的軌道與馬達蛋白

目的地完成確認，到運送到該地之前，小泡並不只是在膜內飄流，為了盡早到達目的地，它會運用軌道和列車來作為交通工具。細胞中有所謂的微管纖維來去縱橫，擔任軌道的功能。而馬達蛋白會背負著裝有貨物的小泡，在微小管上到處運

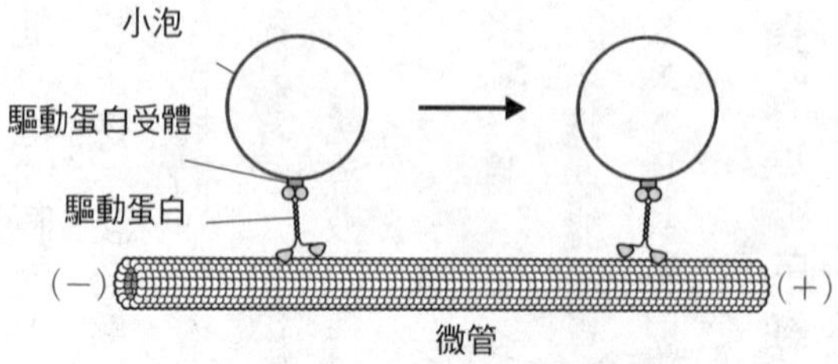

圖 4-6　馬達蛋白的功能

行(圖4-6)，是一個高度發達的運送體系。

細胞中的纖維，依粗細可分為三種。最細的是直徑六奈米的微絲（由蛋白質肌動蛋白組成，呈雙螺旋結構），最粗的是微管，這是由微管蛋白組成環，再連接成管狀的結構(圖4-6)，微管的直徑約二十五奈米。居中的叫做中間絲，直徑有十奈米。

微管有正負的方向性，馬達蛋白在上面行走，這個運輸系統中的道路，並不是像京都的市街般呈井字形，而是呈放射狀或轉運車站的方式。接近核的中心體（微管形成中心）相當於轉運站，微管從中心體往外呈放射狀延伸，可以說「條條大路通羅馬」。

微管在細胞內以中心體為負端，往周邊延伸的方向為正端配置。日本的鐵路全都以東京站為起點，所以從東京到地方稱為下行，往東京的方向稱為上行，但在細胞中，朝正端的方向則為下行。

行走在這條軌道上的馬達蛋白，有驅動蛋白（Kinesin）和運動蛋白（Dynein）兩種。驅動蛋白從負端朝正端方向移動，而運動蛋白則逆向行走。但是驅動蛋白種類很多，也有喜歡逆向的怪胎。驅動蛋白和運動蛋白都有頭和尾，經常兩個分子形成二聚體來發揮功能。兩個頭有如蘿蔔嬰的葉子般與微管結合，有一說認為它會像兩腳步行般行走，另一說認為是兩個頭滑行式的運動。但確實情況尚未知曉。它的尾部會與小泡結合。貨物裝在小泡列車上，然後在軌道上行走，這就是小泡運輸的移動機制。

細胞內交通的上行和下行

驅動蛋白和運動蛋白的方向性不同，因而分別負責細胞內的上行和下行交通。從內質網分泌出來，往高爾基體方向運輸的是驅動蛋白，從高爾基體到內質網的反向運輸（後述）則是運動蛋白。有時運輸粒線體或溶小體等胞器，有時要把分泌性蛋白質最後階段的貨物——分泌小泡送到細胞外。又或者，神經元中有一種長達一公尺的突起，叫做軸突，細胞中心部位的胞體會製造種種神經傳導物質，但放下貨物的地點必須是軸突的最尖端。在這種長距離的運輸上，也都用到驅動蛋白及其家族的蛋白質。有時同一條軌道上，也會有別的馬達蛋白質逆向行走，支援所有從中心到周邊，從周邊到中心的物流。而到最近，科學家還發現這些線路上也配備了轉乘站。走到細胞末端時，有些小泡會從微管的軌道上換乘肌動蛋白的微絲，繼續行動。

細胞中到處都鋪設了這樣的軌道，從細胞中心開到外面的貨車與反方向回頭來的貨車來往交錯，各別向兩個方向運輸貨物，簡直就像是一個完備的基礎建設。以致連「交通（Traffic）」這個字也被當成科學用語來使用，甚至還有一種學術刊物就叫做《Traffic》。

流通中心──高爾基體

將分泌性蛋白接著運送出去的高爾基體，可以稱之為中繼站、流通中心。在這裡，貨物經過分類，再送到四面八方去。這裡所進行的重要工作，有摘去或附加醣鏈，亦即醣鏈的修飾，以及將蛋白質濃縮，包裝到包裹中，進而按目的地揀選蛋白質。

如圖4-7所示，高爾基體是一種層板結構，從靠近內質網開始，依順序為順向槽、中間槽、反向槽。高爾基體即利用這層板結構，來進行輸送作業。從內質網送來的運輸小泡到達高爾基體之後，首先與順向高基氏膜融合（正確來說，在順向高爾

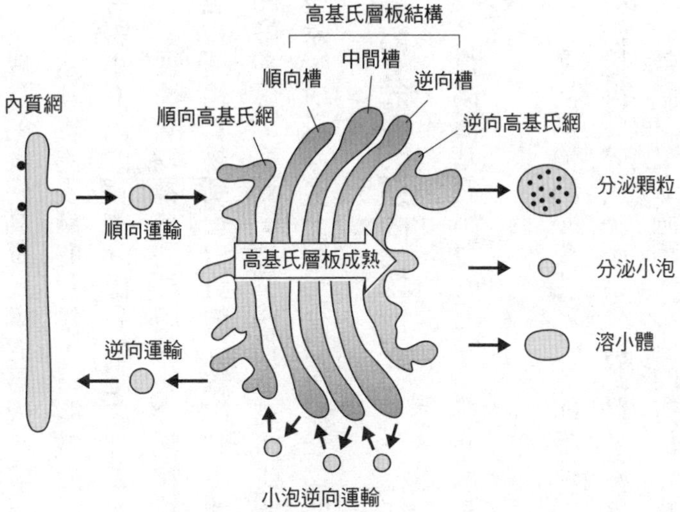

圖 4-7　高爾基體的模式圖

基體之前還有順向高基氏網，這裡省略細節）。小泡內部的貨物會進入順向槽的內腔。

在高爾基體中，貨物按順向、中間、反向的順序通過。不久之前，人們還認為高爾基體層板間的運輸，是小泡運輸。也就是小泡從順向高基氏網芽生，與中間膜融合，再從中間膜芽生的狀況。但是最近，有個很大的概念改變。那就是貨物進入順向槽後，高基氏層板自體會成熟，於是不用經過小泡運輸，層板自己會發展為中間高基氏網、反向高基氏網。這叫作「高基氏層板成熟模式」。獲得實驗的驗證後，這個模式逐漸固定下來。酵素從中間槽經由小泡運輸，反向流回順向槽，藉此，順向高基氏網發展成熟為中間高基氏網。

成長為反向高基氏網的層板，會再次藉著小泡運輸，將貨物送到幾個胞器中。一是送往細胞表層的貨物，這叫做分泌小泡，分泌小泡與細胞表層的膜融合後，就會將小泡內的貨物分泌到細胞之外去。攜帶著貨物停留在細胞內，但受到分泌刺激後，便將貨物釋放到細胞外的分泌顆粒，也是由高爾基體配送的。此外，高爾基體也會運輸貨物到蛋白質的分解中心，即溶小體中。應該分解的蛋白質、分解時需要的酵素等，都經由這個路徑送到溶小體。而溶小體中則貯藏著分解蛋白質用的分解酵素。所以高爾基體也是將蛋白質的配送處加以區分的配送中心。

高爾基體的逆向運輸

從高爾基體出發的運輸，並非只有順向運輸，它也會逆向往內質網進行回送運輸。

逆向運輸的必要性之一，即維持膜的長久性。每次小泡運輸時，內質網的膜便會被撐得破碎，供應給高爾基體。所以內質網中組成膜的磷脂質會不足，而高爾基體的磷脂質又會過剩。解決的方法，就是把高爾基體的膜再運回內質網。高爾基體往內質網的逆向運輸，對於膜的常態維護是有其必要的。

另一個必要性是似乎是來自細胞本身的草率。必須運送到細胞外的分泌性蛋白質，當然是由內質網輸送到高爾基體去，然而在內質網內工作的蛋白質，例如內質網伴護蛋白，有時也一起進入小泡被送出去了。由於貨物的揀選太過馬虎，因此，有些不需要跟貨物在一起的物質，也都打包在一塊兒。顯而易見的，原本必須在內質網中工作的蛋白質越來越少，不過，在內質網內腔工作的蛋白質，有其特別的信號，所以高爾基體會將它送回內質網。換句話說，下游的嚴密檢驗機關補足了揀選貨物時的草率。在細胞中，不時可以看到像這樣補足草率行事的嚴密後勤系統，實在相當有趣。

在內質網工作的蛋白質，在N端有信號序列，但另一方C端（多肽結束讀取部分）也有離胺酸－天冬醯胺－麩胺酸－白胺酸（以首字母標記胺基酸，則為KDEL，所以又叫KDEL信號）的「內質網回收信號」。高爾基體的膜上，有一種識別這種信號的KDEL受體蛋白質。藉由這種受體，可以抓住KDEL信號，搭上往內質網的逆向運輸小泡，將含有KDEL信號的蛋白質，再送回內質網去。具有信號序列的蛋白質會被分泌到細胞外，但除了信號序列之外，具有KDEL序列的蛋白質，則會在內質網和高爾基體之間來來去去，以便能在內質網內繼續工作。

是在揀選貨物時便嚴密地檢查比較好？還是先隨便打包一下，等之後再經由逆向運輸將需要物品送回來呢？就能源效率上來說，前者似乎比較好，但不論哪一種方式，高爾基體都必須送回膜的脂質成分，所以才採用後者。說不定，細胞是為了縮短運輸時間，所以才全部打包，之後再把不要用的東西一起寄回來吧。

由外而內——內噬作用

前面我們看過中央分泌系從中心輸送到細胞外的狀況，但實際上，細胞也有從外部吸收物質的時候。在那種狀況下，首先，細胞膜的一部分會凹入，為了形成這種凹入，膜蛋白會互相作用，以獲得使膜彎曲的力量。接下來，彎曲的膜邊緣互相融合，變成小泡進入細胞內。這叫做內噬作用（見前圖4-5），在這個階段，小泡的內部其實是細胞的外部。

小泡藉由內噬作用進入細胞質中，便與細胞內的小泡——溶小體融合。有一條路徑就是從高爾基體經由核內體進入溶小體，這就叫做溶小體路徑。溶小體中貯藏了分解酵素，會進行蛋白質分解。很多分布在細胞表面的各種受體，與基質結合後，細胞就會利用內噬作用汲取進去，在溶小體中分解。這是因為它們原本被送到細胞表面，當成受體接收信號，因此當它完成傳遞信號到細胞內的使命後，便可分解再利用。不過也有時候利用內噬作用吸收回來的受體，會再次原封不動地送回細胞表面再利用。

細胞將自己製造出來的蛋白質，分泌到細胞表面膜或細胞之外的過程十分重要，但在事後，將那些蛋白質收回再利用的系統，對細胞來說更是不可取代的重要裝置。在反向的小泡運輸中，同樣會利用SNARE系統來做成名條。

胰島素的分泌

依序看完了分泌性蛋白質的運輸路徑，在此再舉出一點具體的例子，實際感受一下運輸狀況。我們就來看看為人熟知的分泌性蛋白質——胰島素和膠原蛋白吧。

胰島素因為與糖尿病有關，因而成為人們最熟悉的蛋白質之一。胰島素是由位於胰臟的胰島β細胞所分泌的胜肽荷爾蒙，是一種由二十一個胺基酸組成的A鏈和三十個胺基酸組成的B鏈結合成三個雙硫鍵，所形成的低分子蛋白質。胰島素的作用相當多樣化，最為人熟知的重要作用，便是促進細胞吸收糖分，以便利用、貯存血液中的糖。當我們攝取食物時，碳水化合物等會變為葡萄糖，血液中的糖分（血糖值）便會上升。感應到血糖值上升時，β細胞就會快速分泌出胰島素。這個胜肽荷爾蒙會促進細胞吸收血液中的葡萄糖，調節血糖值。血糖值通常會調整在一毫升七

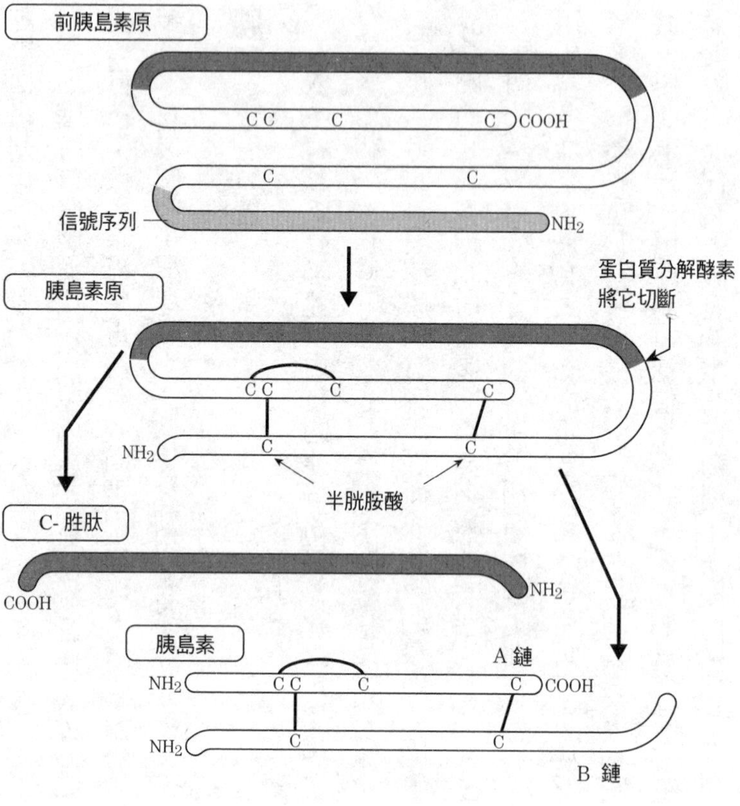

圖 4-8　胰島素轉譯後修飾

十至一百二十毫克的範圍，但如果血糖值升到這個數據以上，就有可能陷入糖尿病的危險。糖尿病可分為兩種，第Ⅰ型糖尿病是胰島素不能正常製造或分泌，以致含量不足所引起。第Ⅱ型糖尿病則是雖然分泌了胰島素，卻沒發生功效（胰島素阻抗性）所引起的。

我們來看看胰島素分泌的過程（圖4-8）。剛剛製造出來的多肽叫做前胰島素原。它的N端有信號序列，所以會進入分泌系統（內質網），而C端沒有KDEL序列，所以不會停留在內質網，而會被分泌到細胞外，是一種分泌性蛋白質。

進入內質網後，首先，信號序列會被信號胜解酶切斷，成為胰島素原。接下來，六個半胱胺酸（C）之間，會結合成三對雙硫鍵。這胰島素原被送到高爾基體後，蛋白質分解酵素（胜肽的切斷酵素）發揮作用，將原本一條鏈狀的胺基酸鏈，切斷其中兩個地方，去除掉C－胜肽的部分。血液中能發揮胰島素作用的是剩下的A鏈和B鏈。一般來說，一條鏈有兩個地方被剪斷，應該分成三個片斷，但此處因為有兩個雙硫鍵發揮了迴紋針的功效，如圖4-8所示，去除掉C－胜肽的兩條片斷，因為雙硫鍵而連結在一起，所以它能發揮單一分子的功能。這個A鏈和B鏈因為雙硫鍵連接而成的胰島素，會被分泌到血液裡，產生功效。去除的C－胜肽之後會被分解。但C－胜肽存在的意義及功能，現在還不太了解。

雙硫鍵是多肽轉譯、合成後才形成的共價鍵，所以稱為轉譯後修飾。胰島素的雙硫鍵建立，是必要的轉譯後修飾。如後所述，有一隻糖尿病的樣板老鼠叫做秋田鼠。在這隻老鼠身上，第九十八號半胱胺酸突然發生突變，無法建立雙硫鍵，因此，無法正確分泌胰島素，進而引發了糖尿病。轉譯後修飾指的不僅是雙硫鍵，還包含信號肽的剪斷、醣鏈的附加等，另外胰島素在高爾基體被剪斷兩處，叫做Processing（加工），也是轉譯後修飾的一種。

膠原蛋白的合成

接下來，我們來談談膠原蛋白（圖4-9）。膠原蛋白是我們體內含量非常豐富的蛋白質，事實上它占有所有蛋白質重量的三分之一。每個組織的膠原蛋白型都不同，像是為了填充細胞與細胞間隙的結締組織有第一型膠原蛋白，維持上皮細胞正確排列，像地毯般的基底膜裡，有第四型膠原蛋白。目前已知的膠原蛋白有二十七型。就量和功能上來說，它都需要這麼多種類型。

第一型膠原蛋白分子，是由二條 $\alpha 1$ 鏈（多肽鏈）和一條 $\alpha 2$ 鏈共計三條，捲成三螺旋狀的結構。它和胰島素一樣，具有信號肽，它會連同核糖體一起運送到內質網，在轉譯的同時，把多肽插入內質網中。膠原蛋白是一條非常長的分子鏈，由

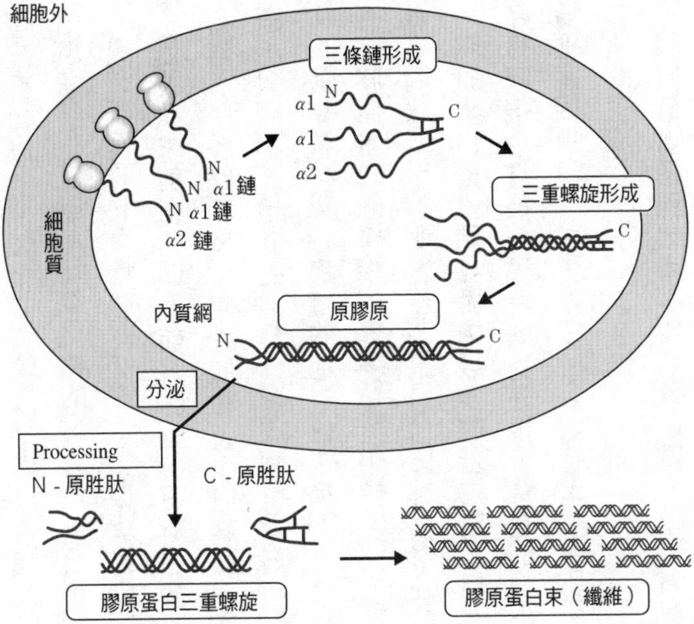

圖 4-9　膠原蛋白的生化合成

一千個以上胺基酸連結組成。直到最後的C端被讀取後，三條鏈才開始在稱之為C—原胜肽的C端附近領域結合。現在還不清楚為什麼需要兩條α1鏈，一條α2鏈，形成2對1的狀況。但在C—原胜肽內，各條鏈之間是用雙硫鍵連結在一起，然後從C端按順序將三條鏈捲成螺旋。

膠原蛋白三螺旋部分的胺基酸序列有個明顯的特徵，那就是基本上它是甘胺酸—X—Y（X和Y

可以是任何胺基酸）三個胺基酸重複延續組成。如果是第一型膠原蛋白，這種重複可達三百次以上。X和Y的位置上大多是脯胺酸，如果脯胺酸在Y的位置，大致會出現氫氧化反應（氫氧化物的附加）。氫氧化反應可安定三螺旋，這都是轉錄後修飾。只有正確建立三螺旋的分子，才會從內質網送到高爾基體，然後分泌到細胞外。

信號肽未剪斷前叫做前原膠原，剪斷之後叫做原膠原。它們在N端和C端各別會附著了多餘的N—原胜肽和C—原胜肽。在離開細胞之後，這些原胜肽就會被剪斷，只剩下三螺旋的部分，形成膠原蛋白。之後，三螺旋膠原蛋白分子會稍微錯開，形成束帶，靠近邊緣的地方會連接下一條三螺旋。這就成為膠原蛋白的纖維。第一型膠原蛋白的纖維，會讓結締組織橫向堆積（參考圖1-2），第四型膠原蛋白的纖維會呈網狀聚集，並與其他蛋白質複雜交纏，製造出基底膜的結構。

膠原蛋白是我們身體中最多的蛋白質，經過上述的過程才完成合成。膠原蛋白和好幾種蛋白質被分泌在細胞外後，會在細胞外累積，形成細胞外基質。膠原蛋白和纖維連接蛋白（fibronectin）、黏連蛋白（laminin）等分子量大的蛋白質，都是細胞外基質的主成分。

膠原蛋白是胚胎所必要的蛋白質。如果因遺傳突變而無法製造的話，經常會導致胚胎死亡（embryonic lethal），或是出生後立即死亡。此外，如果膠原蛋白分子中發生突變，也會出現種種遺傳疾病。像是成骨不全症便是骨頭的主要成分——第一型膠原蛋白發生突變，使骨骼無法正常成形的疾病。像艾登二氏症候群（Ehlers-Danlos syndrome，譯注：又稱橡皮人症候群）則是第一型、第三型膠原蛋白發生異常，因而出現血管破裂、變透明，皮膚異常伸展，指關節過度反折等現象。膠原蛋白可說是遺傳病報告最多的蛋白質之一。

撇開主題不談，現在市面上有很多據稱添加膠原蛋白的美容、健康食品，這些產品真的有效果嗎？這些食品打著吃膠原，直接補膠原的宣傳，但當它以食品的方式攝取後，會通過消化器官，分解成胺基酸，再轉為營養素再利用，所以不可能保持膠原蛋白的形式被身體吸收。最多也只能為體內增加胺基酸的原料罷了。由此更可以知道，如果沒有經過上述的複雜程序，合成為膠原蛋白纖維，它就無法發揮蛋白質的功能了。

HSP47的發現

前面所敘述膠原蛋白的合成和分泌過程，是教科書上都有記載的典型過程。但現在又發現到，在這段典型的膠原蛋白合成過程中，分子伴護蛋白也有參與。而且這是我發現的分子伴護蛋白。在此我們稍微休息一下，來談談這個有點特異的伴護蛋白。

一九八四年，我以客座準教授的身分，到美國NIH（國家衛生研究所，更明確一點，是NIH中的國家癌症研究所，NCI）留學，這個伴護蛋白便是在那裡偶然間發現的，後來，這個蛋白質被命名為HSP47。由於研究的過程是個漫長的故事，在此就省略細節。最初我是從尋找細胞表面的膠原蛋白受體，開始我在NIH的研究。細胞外基質的受體，現在叫做整合素（integrin），當時還沒有人發現。不知是幸或不幸，注意到HSP47時，它不是受體，而是與膠原蛋白結合在一起，局限在內質網內。後來發現加熱後，它會被誘導出來，所以得知它是熱休克蛋白質的一種，之後又花了十年的時間，才將它的功能全部釐清。後來，將這個HSP47的基因複製，然後製造出基因剔除鼠，剔除（人工破壞某個特定基因）製造HSP47的基因，到二〇〇〇年時，終於確認它是胚胎所必要的基因，也證明了它是跟膠原蛋白合成有關的伴護蛋白。這讓我再次深深體會到一項新的研究是如何的曠日廢時。

剔除掉製造HSP47的基因後，膠原蛋白的結構異常，因此，老鼠在受精後十天左右，便胎死腹中。將死亡的老鼠細胞取出用試管培養，檢查膠原蛋白合成的狀態，確定它並沒有形成正確的三螺旋。所以它不能形成膠原粗纖維，只有類似枝狀分叉的東西。這雖然是第一型膠原蛋白異常所產生的，但HSP47不只對第一型很重要，也是第二型和第四型膠原蛋白所需要的蛋白。只破壞HSP47一個基因，便無法製造以第二型膠原為主的軟骨，和以第四型膠原為主的基底膜。HSP47是膠原蛋白正確折疊時必要的分子伴護蛋白。

發現之初，其他專家都不能相信，HSP47是「只對膠原蛋白有特異功能的分子伴護蛋白」，因為當時「伴護蛋白只為某特定蛋白質工作」的概念還沒形成。大家的疑問是，為什麼某些特定的蛋白質，需要專用的伴護蛋白呢？各地的國際學會都找我去演講，但還是沒人相信它是分子伴護蛋白，令我非常沮喪。後來，終於確定了伴護蛋白為某些「基質特異」，即特定蛋白質專屬工作的概念，而HSP47也成為教科書上第一個這類型的蛋白質。

自發現後歷經了二十年，所了解的事卻微乎其微，但相反的，我再次感受到獨自對所發現的基因、蛋白質進行研究，是多麼幸福的事。由於世界上很少人對別人獨自發現的基因做研究，所以進展非常慢，但不跟在別人後面，確立自己研究的主體性，比研究的速度更為重要，而這也是研究最耐人尋味之處。腳步雖然緩慢，但就科學家所說的「信譽」，也就是對該工作的獨立性或名譽而言，HSP47可以說是我們研究團隊暗自驕傲的蛋白質。

分子伴護蛋白與疾病

現在已有很多對ＨＳＰ47遺傳基因的研究，尤其受到臨床醫學研究者的矚目。像是肝硬化、肺纖維化症、動脈硬化、疤痕增長症之類的「纖維化疾病」，都是膠原蛋白累積異常的疾病。現在還沒有有效的治療法，幾乎是不治之症。肝硬化是膠原蛋白在肝臟異常累積的疾病，間質性肺炎進展後，雖會演變成肺纖維化症，但這也是膠原蛋白累積引起的病態，不但會產生呼吸困難，預後也極差。

我們團隊發現，這些疾病中會急速誘導出ＨＳＰ47。由於製造膠原蛋白需要ＨＳＰ47，所以它會被誘導出來，但此時，它卻是幫助膠原蛋白異常合成、累積。總之，它成了對人體健康有害的物質。若是利用此點反向回擊，便可期待它成為疾病的治療法。總之，即是一種抑制ＨＳＰ47合成，藉此抑制或治療纖維化疾病的策略。我們的團隊正努力從抑制ＨＳＰ47合成的方向與阻礙ＨＳＰ47在內質網與膠原蛋白相互作用的方法，來尋找這種疾病的治療法。實際上，我們已經提出報告，在老鼠腎纖維化的模型上，以抑制ＨＳＰ47的發現，推遲了纖維化的進行。

送往粒線體的運輸

本章介紹了「細胞內搬運蛋白質的機制」，最後，我想來說說送往粒線體和細胞核的運輸。首先從粒線體開始。

在動物細胞中，每個細胞都含有一百到兩百個粒線體，而每一個粒線體都獨自具備了將蛋白質運進其內部的方法。粒線體有外膜和內膜，如第一章所述，只有內膜的一小部分蛋白質，來自粒線體自己的DNA。而外膜乃至粒線體幾乎所有的蛋白質，是由細胞核的DNA製造、供應的。因為開始共生後，它們的基因便依賴宿主而生存。因此蛋白質從細胞質運輸到粒線體內部的機制，就成為科學家們關注的一大問題。

雖然說內膜的蛋白質由粒線體的DNA來製造，但粒線體本身意志薄弱，製造mRNA的轉錄裝置，和轉譯蛋白質用的核糖體，都依靠細胞核來的蛋白質。甚至可以說，如果不接受細胞核來的蛋白質供給，粒線體就不可能生存。

粒線體由二層膜所包裹（參考圖1-6），所以，它和內質網一樣，是經由膜滲透運輸。但是內質網的膜滲透運輸，是與多肽轉譯輪流的運輸。相對的，粒線體的膜滲透運輸，是等多肽全部合成終了之後才進行。由於轉譯後才進行運輸，所以它稱為轉譯後運輸。粒線體由於是後來才在細胞中與之共生，所以無法像內質網那樣建立一個有效率的系統。

粒線體的膜上也有軌道，已合成完畢的多肽會從這軌道之間通過。但是如果在膜滲透前折疊的話，就無法通過細細的軌道。因此，分子伴護蛋白會與多肽結合，在細胞質中保持一條鏈狀的多肽。換句話說，分子伴護蛋白努力地讓它「不要形成結構」。分子伴護蛋白對於結構的形成（折疊）貢獻良多，但有時，也有助於拆解結構（不折疊）。

帶它進去的齒輪

要運輸到粒線體的蛋白質，因為也是利用膜滲透，所以它需要一個指示它到粒線體去的信號。這個信號也同樣附著在多肽的N端。在粒線體外膜軌道的附近，有一種蛋白質是作為信號肽的受體。多肽就會通過這個通道運輸到粒線體去。從結果來看，粒線體有好幾條通道，有的蛋白質輸向外膜，有的輸向內膜，有的輸向粒線體內部（叫做基質），還有些蛋白質是在內、外膜之間的膜間空間工作。而這些都依據蛋白質的種類來做區分。

運輸到內質網時，核糖體推出的力量，會強制將多肽塞進內質網的內腔中。但粒線體與核糖體相距甚遠，無法施展推力。在通過狹小的通道孔時，沒有助力的多肽會不太穩定。

這時候出面協助的，是粒線體中的伴護蛋白——mHSP70（m是表示粒線體）。HSP70是細胞質中具有代表性的伴護蛋白，但它的同類也存在於內質網和粒線體中。mHSP70會與進入粒線體的多肽結合，阻止進入的多肽又逆向出去。科學家以為多肽本身會在通道裡往內或往外地出入，或進行布朗運動（分子的搖晃），但mHSP70可抑制逆向的運動。它抓住多肽，讓它進行一會兒布朗運動，多肽便會再次往膜的內側移動。此時，如果別的mHSP70抓住新進入通道的部分，該部分便不會再回頭，而使整條多肽被內部吸收。

這種操作模式叫做布朗棘輪模式（Brownian ratchet Model）。棘輪是一種帶爪的齒輪，從手錶的內部就可以一目了然。齒輪的每一刻度都會卡到一個制動爪，防止它倒轉回去。就和粒線體中的mHSP70一樣，它會將通道裡的多肽，每往內走一步就抓住一次，像制動爪般防止它逆流，最後將之推送到裡面去。HSP70與多肽的結合解離需要ATP的加水分解。

被引進粒線體的多肽，還需要借助分子伴護蛋白，才能進行折疊。同一種伴護蛋白，搖身一變成為共同工作的夥伴。它在粒線體外（細胞質）抑制折疊進行，但進入裡面後，卻會促進折疊進行，真的很能幹。

出入自在的核運輸

最後上場的是核運輸。在核內部工作的多種蛋白質，包括從DNA抄錄遺傳訊息到RNA時需要的轉錄因子，以及RNA聚合酶等，都是由細胞質製造出來的，所以它們必須從細胞質通過核膜，運輸到核的中心去。

通過核膜到達核心的運輸，當然也是利用膜滲透。但和其他胞器膜不同的是，核的表面有直徑一百奈米的核孔，酵母細胞約有一百個，哺乳類細胞約有兩千個。粒線體或內質網的膜孔直徑只有十奈米，所以只能讓未建立結構的多肽經過；但核孔很大，蛋白質可以在折疊、建立結構後再運送進去。這和其他的膜滲透有很大的不同。核孔本身是由三十種左右的蛋白質組成，構造極為複雜。

我們來看看通過的過程吧（圖4-10）。核運輸也是打赤膊地運輸，所以蛋白質身上都寫有胺基酸序列，作為「前往核」的信號，也就是「明信片型」。這個信號叫做細胞核定位訊號（nuclear localization signal, NLS）。到內質網或粒線體的信號，一定會寫在多肽的N端，但細胞核定位訊號露出在分子外側，所以不論它在什麼位置，都會被識別。認識NLS的分子是一種內輸蛋白α，它會與攜帶NLS的蛋白質結合。而內輸蛋白β是一種運輸蛋白質，它與內輸蛋白α結合後，這個複合體就會通

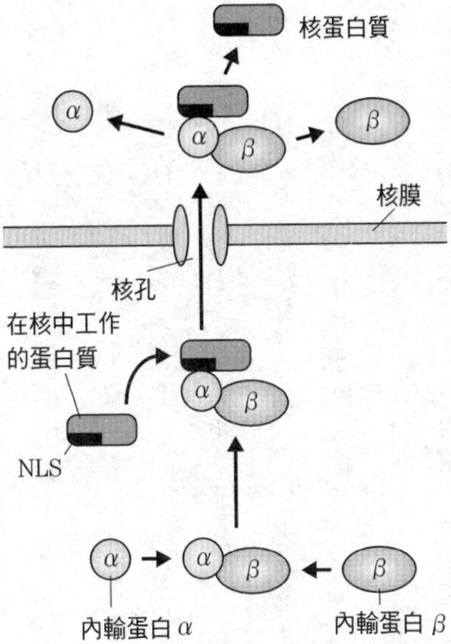

圖 4-10　核運輸的過程

過核孔。接著，帶有NLS的蛋白質與內輸蛋白α、β解離，開始在細胞核內發揮固有功能。通過一個核孔的蛋白質，估計每秒鐘約有一千個。

細胞核內除了輸入外，還需要輸出的系統。很多蛋白質都只在某種狀況進入核內工作，等事情做完了，就會被送回細胞質。從核返回細胞質時也需要信號，而也有蛋白質會認識那種信號。那個信號叫做核輸出信號（nuclear export signal, NES），負責搬運出去的蛋白質叫做外輸蛋白。內輸蛋白和外輸蛋白有部分功能相同，輪流進行搬入和排出的工作，架構出一個完美的系統。但這個機制的說明太過專業，所以我們就到此打住。

運輸架構是維持生命的基礎

即使是農、漁、林業等初級產業所出產的物資，如果沒有辦法運送到國家的每個角落，那麼國家的經濟也會出現漏洞。先前，我們也引用了「條條大路通羅馬」這句話。在古羅馬時代，整頓交通網應是當時的執政官或皇帝最費心的施政吧。即使現在走在阿皮亞街道上，彷彿都還能聽到古羅馬馬車的聲響。古羅馬雖然修建交通網是為了軍事用途，然而到了近代，則是為了讓生產物資能有效率地送到需要的地區，因而具有產業上或經濟上的意義，這一點古今皆同。

這種經濟效率在細胞中也是一樣的，將初級產業生產出來的蛋白質，送到需要它們的胞器，讓它們工作，蛋白質才有它生存的價值。因此，細胞內也修整了不輸給近代國家的完美運輸架構。而我們在本章中，已將這些運輸系統快速瀏覽了一遍。

這些被運輸的蛋白質身上，必須寫有寄送的地址。因而分為直接寫在多肽上的「明信片」型，和在小泡貼上名條的「包裹」型兩種。不管哪一種方法，都需要讀取它的分子（這也是蛋白質）。不僅是讀取，運送系統也很了不得。放置貨物的列車還會在微管軌道上雙向運行。

其實，如果能用整本書的篇幅來說明運輸方式，大家一定會更驚嘆於其機制的精妙，但這就超出本書的目的了。在下一章「蛋白質之死」中，我們將來看看取得工作場所的蛋白質，最後如何了結它的一生。

第5章 輪迴轉生

「死」是為了維持生命

長生不老的夢

長生不老是人類未能實現的夢想。秦始皇命道士徐福到蓬萊之島帶回仙人，就是為了獲得長生不老，而日本最古老的故事《竹取物語》中，竹取公主命求婚者去尋的寶物，其中一項就是「蓬萊的玉枝」，也就是長生不老的仙丹。另外，在史威福特的《格列佛遊記》裡，格列佛也曾經造訪不死國。但是，在書中一般人夢寐以求的國度，其實只是個忍受著老醜的國家。如果能永保年輕，那麼不死還有點意思（雖然可能也會很無聊），但拖著病痛的年老之身，卻永遠沒有解脫，那真是無窮無盡的痛苦呢。在那個國家的人一心求死，對於能死的人都羨慕不已。

蛋白質一旦合成，如果不會被分解（死亡），那麼似乎不需要更多食物，生物也能活得更長久。但是，在現實中，蛋白質是有壽命的。如果不能壽終正寢，將會造成大麻煩。蛋白質雖然經過折疊，而成為能量上最穩定的結構，但是像酵素之類，經常會在酵素反應過程中產生部分結構的變化或動搖。如果蛋白質不在適當的時期死亡，那種結構變化的結果，就是會在結構上產生歪斜，或是誤疊的狀況，換句話說，老化的蛋白質會積存在細胞中。積存這種結構異常的蛋白質，就會導向疾病一途，這部分我們會在最後一章提到。蛋白質有壽命的意義，在於保證蛋白質永遠都能新鮮、充滿活力地工作，這一點對生物體來說至為重要。

蛋白質的壽命

大腸菌內的蛋白質中，有些從製成到毀壞僅僅只有幾十秒鐘，某種轉錄因子就是其中之一。大腸菌將胺基酸連結成肽鏈的速度，大約是一秒十幾個，所以，由三百個胺基酸排列成的一個蛋白質，製作時間少說也要幾十秒。然而這些蛋白質卻只用幾十秒就廢棄，當然一定有其不得不毀壞的理由。儘管如此，我們可以知道蛋白質從合成到分解的過程，操作得相當迅速。

如本書一開始所說，包含我們人類，所有真核生物所具備的蛋白質，約有五至七萬種。每一個種類的蛋白質壽命也不一樣，即使在現在已知的範圍內，有些蛋白質壽命短的只有幾分鐘，而像製造肌肉的肌凝蛋白，或紅血球的主要成分——搬運氧分子的血紅素，眼睛裡的水晶體等，則有數十天到數個月的壽命。若將兩者單純地比較，壽命相差一萬倍以上。

更新的蛋白質

為什麼蛋白質的壽命會有這麼大的差距呢？又，是什麼決定它的壽命？這些問題現在還沒有解答。但重要的是，幾乎所有的蛋白質都有代謝循環，也就是老蛋白質毀壞之後，會有新合成的來替換。身體裡的每個角落，天天都上演合成毀壞的戲碼。

我們人體裡，據說有兩成不到的體重，都是蛋白質。也就是說體重七十公斤的人，體內的蛋白質約有十公斤。而一天當中，這些蛋白質裡有百分之二至三，約一百八十到二百公克是正在更新中的。假設每天更新百分之三，那麼約三個月，就可以把體內蛋白質全部更新一次了。也就是說，從蛋白質的角度來說，我們每三個月就變了一個人。

每天產生變化的細胞

其實更新的不只限於蛋白質，以細胞來說，經過一年，構成身體的所有細胞約百分之九十幾也都更新過了。

當然細胞的壽命和蛋白質一樣各有不同，就像從前的研究告訴我們，腦神經細胞在出生時已完成一百四十億個細胞，後來既沒有增加也沒有再生，損壞了也不會更新。但是，近年的研究發現，神經細胞中的幹細胞是具有分裂能力的。神經幹細胞每天可以製造出成千個神經細胞，雖然大部分都損壞了，但有多少數量會確定成為新的神經細胞，現在還在爭議之中。但不管怎麼說，雖然神經細胞的壽命極長，但過了六十歲之後，每天會有二十萬個死亡，一年則會累積到一億幾千萬個，聽起來還是很可怕。

掌控免疫的淋巴球本身，也會不斷生產。但其中的T細胞卻是一旦損壞就不會再生了。為什麼會如此，目前還莫衷一是，但有一種說法是，這些細胞被訓練成對某種刺激可以立即反應，在某種意義上來說，它具有「記憶」，所以原因或許就出在這裡。由許多細胞形成複雜網路的神經細胞，或是記憶敵我，以免對「自己」有反應的T細胞，並不能像其他組織那樣，只要再生產蛋白質就行，所以不適合再生。

但是，除去這類特殊的細胞外，從細胞的觀點來說，一年後，所有細胞的百分之九十幾乎都會替換。所以就細胞的等級來說，今天的自己和一年後的自己，其實已是不同的人了。然而，我還是會認為一年前的「我」跟現在的我是同一個人。「『我』是誰？」這個問題不是生物學問題，而已屬於哲學領域了，但還元到細胞的層次來思考，不但可以擴展思考的範圍，其實也非常有趣。

胺基酸的再循環系統

蛋白質生成後損壞，損壞之後再製造。那麼製造的原料和損壞後的廢棄物會到哪裡去呢？從圖5-1我們可以看到胺基酸的出納表。

蛋白質的原料是胺基酸，它是靠蛋白質分解製造出來的。我們每天透過飲食所攝取的蛋白質量，約有六十至八十公克。但是如剛才所說，一個體重七十公斤的人，每天製造的蛋白質量為一百八十到兩百克。就算我們吃進去的蛋白質全部分解，當作原料來使用，攝取量也不及新生成的蛋白質量多。所以問題來了，比原料還多的產品是怎麼製造出來的呢？

答案是胺基酸的再循環系統。我們從飲食攝取的胺基酸，和體內分解蛋白質時在過程中產生的胺基酸，都會收集起來當成原料再利用。

身體蛋白質分解形成的胺基酸中，有七十公克會以尿素氮的形式排出體外。總之，排泄出去的跟飲食攝取的量幾乎一樣。食物中攝取的胺基酸和分解體蛋白質產生的胺基酸加起來，一天約可製造出一百八十到二百公克的蛋白質。因此我們製造出的蛋白質量，應該與分解的蛋白質相同，才能維持體重等的恆常性。

分解信號的名字是PEST序列

蛋白質的壽命從幾秒到幾個月，差距有如天壤之別。從最近所明瞭的事實中得知，容易被分解、壽命短的蛋白質，原來在胺基酸序列中就埋設了「請分解」的

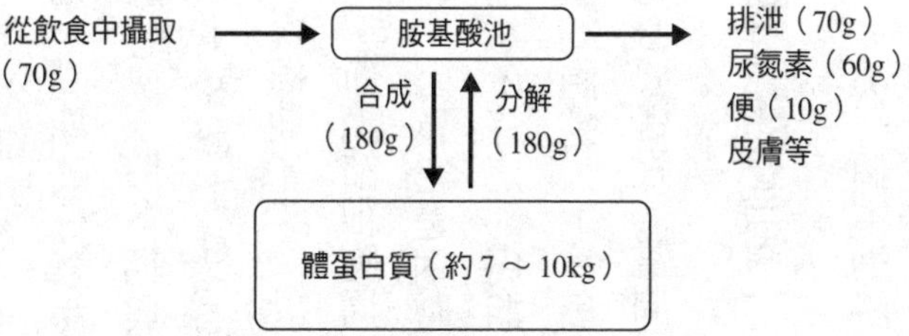

圖 5-1　體內胺基酸的出納表

信號，而且這個信號還不只一個。其中的一個叫做「PEST序列」。這個命名令人印象深刻，是因為它的發音讓人聯想到「鼠疫」這種疾病。不過它只是分解信號的胺基酸序列首字母標記，「PEST（P＝Proline〔脯胺酸〕，E＝Glutamic Acid〔麩胺酸〕，S＝Serine〔絲胺酸〕，T＝Threonine〔蘇胺酸〕）」。只要蛋白質的某處藏有這個信號序列，那個蛋白質就會很快損壞。在細胞運輸系統中，胺基酸序列中也寫有運送地點，但有些蛋白質從一出生，體內就寫有「早點死亡」的命令。

細胞周期需要的蛋白質分解

但是，蛋白質並不只有在壽命終結，或沒有用處的時候，才會損壞、分解。應該說，在某些狀況下，計算好時間並積極破壞是細胞生存周期必須做的事。

我們就來看看蛋白質分解與細胞連動，並影響到細胞生存周期的機制吧。細胞的周期大致可分為四。分裂旺盛的細胞，在分裂期間叫做M期，幾乎所有的細胞都在一小時左右分裂出來。M期與M期之間，叫做間期。間期又分為複製DNA的S期，與M期和S期之間的G1期（G是GAP的G），而S期與下一個M期之間叫做G2期。總之，細胞的周期是M期→G1期→S期→G2期→M期。把動物細胞取出體外培養，大多可在二十四小時循環一次周期。

而調節細胞周期的，是一種叫周期素（Cyclin）的蛋白質，來擔任調控因子的工作。因為它是細胞周期循環時需要的元素，所以才得到這個名字。周期素也有幾個種類，特定的周期素在進入某細胞周期時，會很奇異地分解。這種分解成為信號，讓細胞進入下一周期。也就是說，周期素這種蛋白質的分解，是細胞進入下一周期的必要過程。當周期素的分解發生異常時，細胞便無法循環周期，進而死亡。

「時鐘的基因」

另一個主動將蛋白質「分解」利用於細胞生存的例子，是「時鐘的基因」（時間基因）。大家都聽過「體內時鐘」，但直到最近才陸續有報告指出，生物體內有種種「時鐘基因」，它是管理體內時鐘的機制。這些時鐘基因據估計有一百個左右。

大家都知道，生物的生理節奏有幾個不同的周期。其中，最為人熟知的是約以一天為單位循環的約日節律（Circadian Rhythm）。但是，生物體內時鐘的約日節律，與外界的晨昏變化，即一天二十四小時的長度有著若干出入。兩者的差異雖然非常少，但如果一直放著不理，外界的周期便會和體內的周期出現落差。時間基因的功能便是修正這個出入，使體內的周期吻合外界時間。

果蠅的時間基因

最先發現生物的時間基因是果蠅。它就是圖5-2所示的tim（timeless）基因與per（period）基因。首先發現的是per基因，並且得知它是決定時間的長度。相對於此，tim基因則是設定時刻用的。這種基因若是發生突變，就會失去時間，也就是timeless，因此取了這個名字。這兩個基因是各別獨立的基因，但互相協調工作，來決定果蠅的時間。

體內時鐘的機制如下。tim基因與per基因各自合成tim蛋白質和per蛋白質，兩種蛋白質在細胞內達到一定的量時，便會互相結合，成為複合體，進入核中。這個複合體在核中抑制tim基因與per基因的轉錄，阻止蛋白質合成。總之，這個機制的功能就是在超過一定量後，抑制它繼續增多。這叫做

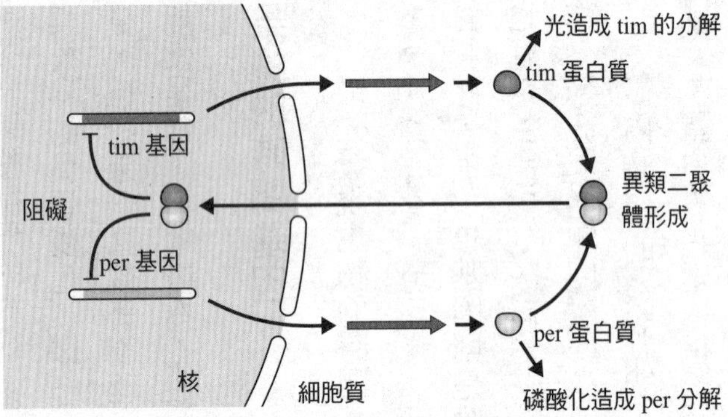

圖 5-2　果蠅的體內時鐘

反饋抑制。蛋白質停止合成後，已經合成的蛋白質便會分解，於是細胞內各蛋白質的量逐漸減少。最後，連抑制蛋白質合成的複合體也減少，使得蛋白質重新開始合成。這就是一個周期。蛋白質量在傍晚時到達高峰後，開始逐漸減少，到黎明時幾乎完全沒有，然後再次開始合成的周期。

對時的裝置

現在已知，如果不去改變這個約日節律，它與外界的二十四小時周期會逐漸出現參差。就算tim基因和per基因辛勤的工作，只要某個條件沒有備齊，這個周期就會與現實中的日出、日落有落差。這時候來幫忙對時的，是光。當光照射時，tim蛋白質會立刻分解。tim蛋白質遇光分解．per蛋白質磷酸化（附加了一個磷酸基）時，就會變成信號被分解。換句話說，這兩者不但會自然損壞，還具有一個積極分解的機制。在清晨的陽光照射中，tim蛋白質會急速分解，tim蛋白質與per蛋白質的複合體也急速減少，它們的減少會解除兩方的基因轉錄抑制。於是，到了清晨，兩種蛋白質的合成開關再次打開，數量逐漸增加直到傍晚，合成又再停止。這些時鐘蛋白質的積極分解，需要約日節律的「校正」，分解不只是單純處理不需要的廢物，在多數細胞內的反應中，它也有積極的意義。

雖然人體的機制更為複雜，時鐘基因數量更多，但基本的系統是一樣的。我們到國外會有時差，也都是因為這個蛋白質合成周期變調了。市售的時差調整藥，就是調整這種蛋白質，來修改體內時鐘。

說到「分解」兩字，總會和「死亡」的印象連在一起。但看完上述的例子，應該可以明白「分解是為求生存的必要動作」吧。

吃自己延長壽命？

「為生存而分解」更極端的例子，是一種「自噬」（Autophagy）的分解機制。所謂自噬是將周圍所有的東西全都裝進袋子裡，一口氣全都分解的機制（後頁圖5-5）。

有人活靈活現地說，海裡的章魚找不到食物，餓得奄奄一息時，會吃自己的腳充餓。「自噬」就是相同的道理，在極度饑餓下，細胞會分解內部的胞器或其他構造物，以便從分解物中獲得胺基酸。

就如前述所說，如果一天沒有新合成兩百公克的蛋白質，就無法維持生命，但如果它的原料——胺基酸不夠的話，為了勉強製造胺基酸，自噬機制便會開始積極工作。例如，我們思考一下新生兒出生時的狀況。在母體中時，胎兒從母親那裡獲取營養，所以蛋白質的原料源源不絕。但是一出生，或是在分娩的過程中，母體的營養補給斷絕，馬上面臨胺基酸不足。這也算是另一種饑餓狀態。此時，新生兒會用自噬機制將自己體內的蛋白質分解，強迫製造出胺基酸。

不只是在上述的營養饑餓狀態下，會啟動自噬機制，當細胞內部不斷累積出沉積等廢物（像是變性的蛋白質等），而要定期淨化的時候，就會啟動這種機制。淨化功能非常重要，最近，日本的研究者才明白，如果破壞跟自噬相關的基因，淨化作用就無法運作，這會使得蛋白質的凝集物累積在神經細胞，最後引發神經變性疾病。

此外，若是造成牙槽膿漏的細菌、結核菌，或是霍亂弧菌等會引起傳染病的細菌跑進細胞中，自噬機制能把病原細菌包起來，一起分解掉。這可以算是自噬機制「不分對象」，一律分解殆盡的最佳例證。

選擇性分解？整批分解？

先前我們已知道，細胞內的運輸分為「明信片型」和「包裹型」。明信片型是將地址直接寫在明信片（也就是蛋白質）上；包裹（即小泡）型則會掛上名條。而蛋白質分解也有類似的兩種分解模式。一種是每一個要分解的蛋白質上，都附上分解的標籤，另一種則是把那一帶的蛋白質（甚至連胞器等大物質）一網打盡裝在袋裡，然後再一舉將它分解。前者是「泛素─蛋白酶體系統分解」，後者是自噬系統分解。

泛素─蛋白酶體系分解是「選擇性分解」；自噬系統分解是「整批的分解」。以前面的例子來說，調控細胞周期的周期素、體內時鐘等蛋白質的分解，屬於泛素─蛋白酶體系的分解；營養饑餓時確保胺基酸池所做的分解，則是自噬系的分解。

泛素是分解的標記

泛素─蛋白酶體系統的分解是選擇性分解。應分解的目的蛋白質，會被蓋上分解的戳記。而這個戳記也是一種蛋白質，叫做泛素。泛素只是一個由六、七個胺基酸（以分子量來說約八六〇〇）組成的小蛋白質。泛素會和目的蛋白質中所含的離

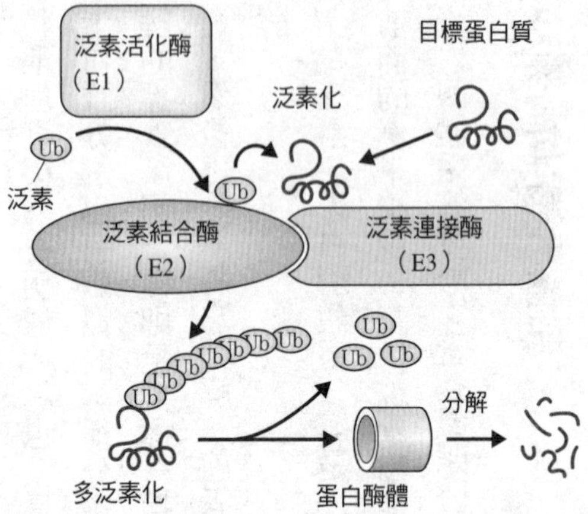

圖 5-3　泛素分解機制

胺酸（Lysine）連成鍵，然而附加一個泛素，需要三個步驟（圖5-3）。

首先，泛素會與泛素活化酶（E1）結合，它有被激活的需要。在激活的狀態下，又接受另一個酵素「泛素結合酶」（E2）。接著，泛素連接酶（Ubiquitin ligase，ligase就是連接的意思）會將目標蛋白質帶到泛素E2複合體那邊，泛素便會與目標蛋白質的離胺酸結合。泛素連接酶叫做E3酵素，經過E1、E2、E3三種酵素的運作後，每個泛素會成為一個附加的標籤，這個過程需要ATP的能源。

但是，只附加一個泛素，還不算是分解的標記。同樣的步驟必須重覆多次，讓泛素之上連接泛素，變成一個多泛素鏈。每個分解至少需要四個以上的泛素，而事實上會有更多的泛素附加上來。為什麼需要這樣反覆呢？恐怕是因為分解是個必須一再謹慎、小心翼翼的動作吧。就像前幾章裡看到的，一個蛋白質的形成，需要經歷那麼多的步驟，消費那麼大量的ATP，然後還要消費能量讓它完成正確的折疊，才終於培育成一個「能幹、有貢獻的蛋白質」。因此，若要破壞它，必須盡可能慎重。即使附加一個泛素只要消費一個ATP，也都要考慮從頭開始製作的種種，這種慎重的心態，正是為了能充分取得收支平衡吧。多泛素化是分解的信號，但從另一個觀點來看，它也是一種安全裝置。如果搞錯了，只附加一個泛素，就不會執行分解了。從蛋白質合成與分解的觀點，似乎可以看到生物的基本策略就是製造時大而化之，然後謹慎檢查，最後分解。

最近開始有些報告指出，泛素的附加並不一定只作為分解的信號。尤其是只附加一個泛素時，似乎也作為運輸及其他功用的信號。

分解機制——蛋白酶體

背負著泛素十字架的蛋白質，走向的倒不是各各他之丘，而是細胞質裡最大的分解機器——蛋白酶體。蛋白酶體是一個巨大的蛋白質複合物，呈筒狀結構（圖5-4），這個筒由四個環組成，每個環各由七種蛋白質次單位製造，正中間兩個環（叫做β環）的次單位具有蛋白質的分解活性。筒的兩端集合了十幾種蛋白質，製造出「調節次單位」。這些調節次單位裡，包含了識別應分解蛋白質多泛素鏈的次單位，以及充當伴護蛋白，將蛋白質的結構去折疊，把分解基質變成一條多肽鏈，使它通過蛋白酶體洞孔的次單位。此外，識別後就不需要的多泛素鏈，會阻礙蛋白質通過蛋白酶體的洞，因此，這裡面也有一種次單位可將多泛素鏈切離。我國的田中啟二先生（東京都臨床醫學綜合研究所）對這個巨大的分解機器的發現貢獻極大。

脫掉泛素，遭到去折疊，成為多肽鏈的蛋白質，會從 α、β 次單位等四個環組成的筒的一端進入，從另一端出來。在這個過程中，β 環所具有的分解酵素會將多肽鏈切得細細的。正中央的兩個 β 環中，有三個位置分布了剪刀刃（分解酵素），會把蛋白質分解成小小的胜肽或零碎的胺基酸。這些胺基酸當然都會在下次蛋白質合成的過程中被再利用。

細胞中存在著很多蛋白酶體，不論細胞質或細胞核中都有。但是它不存在於內質網，也就是蛋白質合成量最多的胞器中。似乎因為那是主要與蛋白質合成相關的場所，所以不得成為分解場所吧。關於這一點，我們會在下一章裡詳細分析。

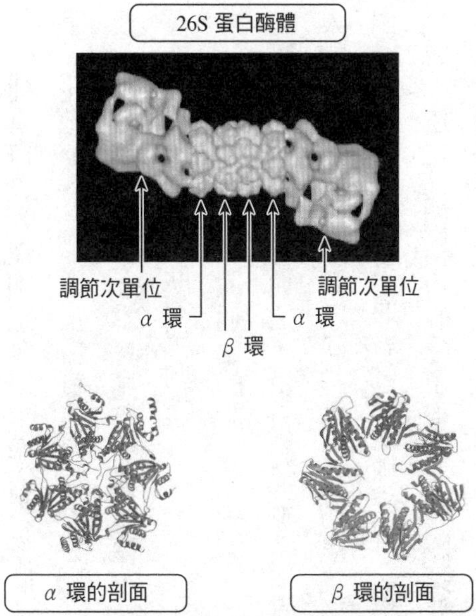

圖 5-4 蛋白酶體的結構

卓越的「環型分子機器」

圖5-4說明了蛋白酶體的構造，但當我們再次回顧，會注意到「多肽鏈通過環狀結構」的構圖，在細胞中到處可見。

蛋白酶體的工作是分解，而前面也介紹過，有一種環狀伴護蛋白的功能是為了將凝集的多肽鏈打散。在大腸菌中有一種ClpB的酵素，相當於酵母中的HSP104（第三章）。另外，在談到膜運輸時曾看到一種叫translocon的通道，是蛋白質次單位在膜上鑽孔形成的（第四章）。核糖體的胜肽排出口，會直接將折疊以前的多肽送進translocon通道孔裡。

下一章會再詳細談到另一種粗魯的分解模式，它會將蛋白質從內質網拖到細胞質中加以分解。此時，多肽會通過內質網的通道，但為了讓它單向通行，所以會有一種蛋白質等在細胞質口，準備將多肽拉出來。這種蛋白質有個平凡不起眼的名字，叫做p97，是一種蛋白質複合物，它也是環狀結構。多肽會從p97通過，通過時需要ATP的能量。p97本身具有酵素活性，能分解ATP獲得能量。它似乎是運用這種能量，確保了多肽的單向性。

若是不限於多肽通過的話，膜中的通道大都具有某種形狀的環狀結構。細胞膜有讓氫離子通過的通道，是可讓氫離子通過，同時進行ATP合成的ATP合成酵素。它是一種六聚體環狀結構形成的複雜機器，有著相當於軸與軸承的蛋白質，這個軸會旋轉。氫離子通過會促使軸旋轉，藉由它宛如發電機般的旋轉，ATP便開始合成。這真是個精巧的分子機器，而將這個分子機器成功展現出來的，是前一章提到的吉田賢右。

大老饕——自噬系統

在泛素—蛋白酶體分解系統中，利用了多泛素鏈的標籤，嚴密的揀選和指定每

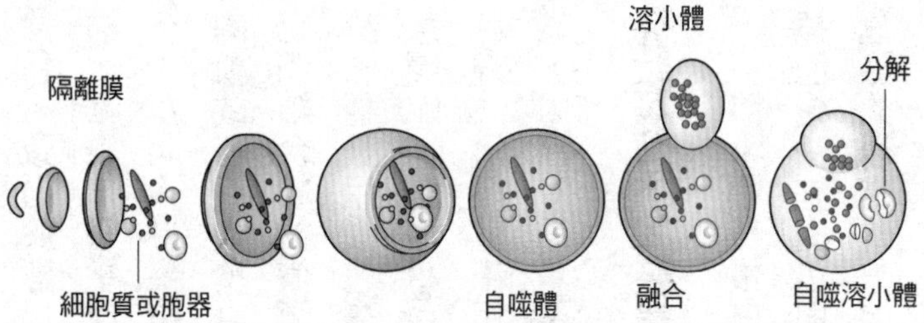

圖 5-5 自噬的分解機制

個要分解的蛋白質。但是在自噬分解系統，包括細胞質中的種種蛋白質、粒線體或內質網之類的胞器，都會被膜包起來分解掉。

生物具有「自噬」作用，從很久以前就已從植物中得知了，但這個機制的發現，才不過是二十年前的事。現在仍尚未明瞭分子機器的詳細運作情形，但已知這個自噬系統分解機制，一開始會在細胞質中出現一種如柿子種子一樣的膜結構。這層膜結構不知從何而來，但它會慢慢延展，兩端彎曲，逐漸地將細胞質裡的東西全都包裹起來，封鎖在膜中（圖5-5），這層如泡泡一般的膜結構，叫做自噬體。

自噬體在這種狀態中，會與充滿著溶小體的內質網融合，而包在自噬體裡的蛋白質，便被溶小體裡的蛋白質分解酵素（蛋白酶）分解。分解的蛋白質成為胺基酸，重新被利用來製造新的蛋白質。自噬系統必須經歷膜結構形成，包裹受質，最後與溶小體融合的步驟，但促使這一連串活動發展的，是一群自噬基因。它叫做ATg基因，現在已知有十餘種。致力於酵母遺傳學，而發現這些現象的是日本的大隅良典（自然科學研究機構，基礎生物學研究所）。

在此不再繼續深入說明了，但參與自噬系統分解模式的蛋白質作用，與泛素化的模式有令人驚訝的相似之處。當然，參與各個機制的蛋白質群種類都不相同，但它們結合成共價鍵的式樣卻十分相似。雖然一種是在基質蓋上戳記作選擇性分解，另一種是用膜包裹作一整筆分解，但支撐它的分子機制卻非常相似，這代表了什麼意義呢？我所想到的是，當系統找到一個有效的方法時，就會想把它運用在各種狀況。這樣就不用為每個機制都設計一套方法，一個原理便可辦到的事，就用它去做。大自然真是太聰明了。

分解的保全裝置

溶小體是蛋白質分解裝置的貯藏庫。它雖然只是個有膜包圍的小胞器，但其實裡面幾乎充滿了與分解有關的酵素。在某個意義上來說，它是個火藥庫，也是個極危險的場所。只要膜略略打開一個洞，蛋白質分解酵素就會立刻漏出來，使細胞內陷入危機。分解雖為必要，但還是要確保安全。因此細胞準備了一個巧妙的機制。

保全裝置的關鍵，就是酵素活動的最適當pH，我想大家都聽過酸性、中性和鹼性。這是顯示氫離子濃度的數值。氫離子越多，酸性就越強。充塞在溶小體中的酵素，全都只能在酸性條件下活動，而溶小體內一直保有pH4的強酸性。溶小體的膜有一種酵素叫V型ATP酶，它可選擇性地將氫離子運進去。細胞質中的氫離子源源不絕地送進溶小體中，所以溶小體內的氫離子濃度高，保持強酸性。

經由自噬系統或其他路徑運入溶小體的蛋白質，在溶小體的酸性條件下，由溶酶酵素有效率地分解了。而另一方面，就算萬一溶小體膜破裂，溶酶酵素外洩到細胞質中，也因為細胞質的pH值是中性，而無法發揮功能。就算發生外洩事件或恐怖爆炸事件，細胞也設置了保全裝置，防止失控分解的發生。泛素－蛋白酶體系統分解中的保全裝置是多泛素鏈這個分解標籤，但不管在哪個分解模式中，細胞對於分解反應，都做好了謹慎嚴密的保全措施。

細胞的死

前面介紹了蛋白質死亡，也就是分解的兩種方法。實際上，還有其他分解酵素分解蛋白質的方法。此處再介紹一種有趣的蛋白質分解酵素，它就是與細胞死亡關係密切的蛋白酶。

細胞當然也有一死。細胞的壽命本就是有長有短，但細胞死亡分成兩種：一種是壞死（Necrosis），一種是凋亡。因為高溫、毒物、營養不足、細胞膜損害等外界以強制力量造成的死亡，叫做壞死；相較之下，凋亡則是在生理性條件下，細胞自己積極引發的細胞死亡。如果把壞死比喻為意外死亡，那麼凋亡便是細胞的自殺。個體發生、自體反應免疫細胞的清除、癌症的自然療法等看到的程序性細胞死亡，是凋亡的一種，以身邊的例子而言，蝌蚪的尾巴消失就是程序性細胞死亡的例子。變紅的楓葉掉落也是凋亡。我們哺乳類在還是胎兒的期間，有一段時間手指間長有蹼狀的膜，這是進化的殘跡。雖然蹼在出生之前就會消失，但這種消失，便是蹼膜細胞凋亡產生的，因為程式設定好它在某個時期會死去。

凋亡發生時，細胞急速縮小，細胞核內發生染色質凝集，核會被切成片段。細胞質中則會形成所謂凋亡體的小泡，細胞質本身會自動切成片斷，最後細胞被巨噬細胞所吞噬，所以並不會引發炎症反應。在近二十年中，有關凋亡機制的研究已有非常顯著的進展。

凋亡的路徑十分複雜，此處並無多餘的篇幅可供解釋，我只能說，它可分為受到細胞外在的死亡信號啟動，與細胞內在死亡信號啟動兩種。而各別又有好幾種路徑，不管哪一種，最後都是激活了蛋白水解酶 Caspase。尤其是酵素 Caspase 3 會切斷細胞內的種種基質，引發細胞核斷裂、細胞萎縮等凋亡的特徵現象。

細胞雖然死亡，卻是為了維持生命而死，最值得玩味的，是其過程與蛋白質積極分解有關。凋亡可以說是蛋白質分解帶動了細胞死亡的例子，現在的研究已知，蛋白質分解積極地誘導各個細胞死亡，是為了讓個體生命活動能順利進展。蛋白質分解雖然等於死亡，但死得絕非沒有意義，而是作為維持生命的一環，所必須完成的使命。

蛋白質的輪迴轉生

說到分解，聽起來好像是蛋白質的墳墓，將工作完畢的蛋白質埋葬起來的味道。但如同前面所說明，細胞內製造蛋白質、分解蛋白質是相當常見的行為。分解連結了熵的增大，從熵的角度來說，合成是減少的。所有的現象都走向熵增大的方向，是一個嚴整的物理法則、熱力學法則。不論在什麼狀況下，都顯示出分解容易，但合成需要花費莫大的費用。因此分解必須極其慎重地進行，它有多重的安全裝置，而分解指示的信號，也像泛素化一樣，不但消耗能量，也必須有幾個步驟。

在這樣嚴格的安全控管下，蛋白質接受分解。這在某些狀況，是為了讓分解出來的胺基酸或更小分解分子再利用所致。蛋白質的一生不是以「死」劃下句點，毋寧說，完成「輪迴轉生」的周期，是維持人體生命非常重要的關鍵。

另外，在某些狀況中細胞必須進行周期循環，啟動參與發生時機的時鐘基因，並且對時。這時，分解變成進到下一步驟的信號。不管是哪一種狀況，蛋白質在應該分解時，就必須被分解。正因為如此，蛋白酶甚至會用到ATP來進行分解動作。

還有些不應該存在的蛋白質，也用分解來處理。比方說，折疊發生異常，如果不處置就會威脅到細胞生存時，這是一種不得不然的分解。但是，即使是這種無法發揮正常功能的壞蛋白質，細胞也並不會立刻分解完畢，而是嘗試幾種更溫和的方法。它不像《愛麗絲夢遊奇境》中的紅心女王般，動不動便叫道：「把頭砍下來！」而是先給予蛋白質更生的機會。下一章，我們將看到當品質不良的蛋白質生成後，細胞是怎麼處置的。換言之，就是細胞的危機管理、蛋白質的品質管理機制。

第6章 蛋白質的品質管理

「品質管理」的必要性

當我們把蛋白質從誕生到死亡的「一生」看過一遍之後，重新體會到這個極度複雜的系統必須在每個階段都能正確地發揮功能，才能保有蛋白質的恆常性，也才能讓生命在這樣的基礎上維持下去。但是系統越是精巧，就越容易發生故障或失靈。經歷數個階段的機制，哪怕其中只有一個故障，就不能生成正確的蛋白質。所以製造出「失敗作品」，即誤疊的蛋白質，就像工程複雜度越高，指數函數上也會增大，在某種含意上是必然的。

我們已經知道不同的蛋白質在製造過程中，會產生多少比例的失誤。許多種合成的蛋白質，只有三成會正確折疊。而局限在膜的某些蛋白質的結構，約只有百分之二的正確性。但就像在逆境蛋白質那一節所看見的，好不容易正確生成的蛋白質，也經常在遭遇熱休克等加諸細胞的種種逆境，而有了變性的危險。或者，就算在旁保護的伴護蛋白再怎麼努力，一旦原始設計圖中的基因發生異常，恐怕也只能成為異常、變性的蛋白質了。

但是製造出來的失敗作品，若是就這麼棄之不理，就會產生凝集體，成為細胞生存中的阻礙。所以必須將失敗作品仔細分別出來，查明原因，修理故障，或是將不良產品分解、廢棄才行。本書的最後一章，便要來看看近十年來在研究上有了長足進步的蛋白質品質管理機制，與當品質管理發生漏洞時引發的種種疾病問題。

我們已知細胞內的細胞質、細胞核、粒線體等的各個部位，會進行蛋白質的品質管理。現在就以研究最先進的內質網為中心，來說明它的品質管理流程。

危機管理

如果我們把「蛋白質製造系統」當作細胞的重要系統之一，那麼內質網就是它的主要製造工廠。分泌性蛋白質或膜蛋白，與溶小體、高爾基體等胞器蛋白質，都是在內質網製造的，事實上細胞整體製造的蛋白質，有三分之一是由內質網製造。

在一九八〇年代後期到九〇年代初期，科學家已明白，分泌性蛋白質會在內質網內進行折疊，如果折疊不成功的話，這些蛋白質就不能出去到下游的分泌路徑，因為內質網會阻止它的分泌。即使按照基因的訊息製造出多肽，也有發生不良品的時候。細胞一旦獲知不良品發生，就會立即準備處理的組織。總之，像這樣不讓不良品進入流通路徑，就稱之為「細胞的品質管理」，而這也就是研究的開端。

不讓不良品流到下游，在人類社會的工廠中也是品質管理的第一要務，應該也是危機管理的第一關。假設沒發現品質不良，而讓它流入市場，以藥品來說，可能會發生無法挽救的結果吧。機器製品也是一樣，將煞車失靈、輪胎不良的汽車交到消費者手上後，造成攸關生命的事故，這我們已在許多事例中得到教訓。

當然，除了已發現卻故意銷售出去的例子另當別論，我們都實際經驗過種種藥物毒害的訴訟，以及食用期限造假的問題等，人類社會因作業過失、監視系統不良產生的失誤。但在細胞中，這種脫線的狀況是不會發生的。

這種阻止它流到下游（也就是市場）的原理，是由哪個組織來負責的呢？其實，科學家對這個機制本身也還沒有研究清楚。應該是以某種形式阻止它從內質網送往高爾基體。但其分子機制是如何，誰也不清楚。但是，目前已知道有幾個極精巧、審慎，幾乎令人訝異的機制，來阻止蛋白質生產的不良產品流往下游。

工廠的品質管理

當在生產線作業裡逐漸完成的製品中，混入不良品時，或是在賣完的商品中發現不良品時，恐怕所有工廠採取的第一個步驟，就是立刻關閉生產線吧。為了防止不良品再增加，暫且先中止製造，找出原因，乃是品質管理的第一階段。

接下來的步驟當然依狀況而有所不同，但一般所想到的第二步驟，是盡可能地把可修理的製品修好，使其恢復正常的功能和構造後再出貨。像是發現齒輪咬合不良的話，調整一下齒輪軸，或許就能順利咬合了。如果只需稍微修理或調整，就能恢復正常，當然會是有效的品質管理方法，為此，工廠需要優秀的修理技師，這一部分我們會在後面談到。

但是如果出現了大量無法修復的不良品，將這些不良產品置之不理，說不定會越積越多，到時廠內到處堆積了修理不了的不良品該怎麼辦呢？如果是人類的工廠，就會予以廢棄處理吧。把它們從工廠運出去，送到專門的廢棄處理場處理掉。當然有些零件在分解後還可以使用，便將它回收再利用。這算是第三個方法。但如果工廠還是繼續製造出不良品，那就表示工廠本身的系統出了問題，再繼續營運下去，只會產出更多劣質品。因此，為了公司整體考量，而不得不將部分工廠關閉。工廠關閉是最後的手段。

細胞內的四階段品質管理

上述人類社會的品質管理，多少有點個人自以為是的簡略。但細胞卻將這四階段品質管理進行得非常完美。人類經過長期嘗試才想到的品質管理方式，在細胞內部卻早已成功實現，著實令人驚訝。生產現場的品質管理，是人腦思考出來的方法，因此看到細胞內部，有與之匹敵的蛋白質管理機制，可真是令人感動。進化這種生存策略，展現出悠久時間中所蘊藏的潛在適應力。現在就一一來介紹這些階段吧。

第一是生產線停工。這在蛋白質的品管中，指的是停止遺傳密碼轉譯為多肽的過程。在DNA轉錄到mRNA的階段，是否有個阻斷的機制，目前還未研究出來。但是有一個指令會中止從mRNA到多肽的轉譯過程，暫時停止異常蛋白質的合成。

第二是不良品的修理、再生。讀過前面幾章的讀者們應該很容易想像吧。首先緊急誘導出修理員伴護蛋白，伴護蛋白會修正變性的蛋白質，使它再生。我曾看過某種伴護蛋白具有將熟蛋變回生蛋的高超能力，可以預料有幾種伴護蛋白會運用隔離、結合解離、穿線等各種拿手功夫，進行蛋白質的修理。

但是如果出錯的是設計原圖，那麼就算伴護蛋白再怎麼能幹，也沒辦法把蛋白質恢復成正確形狀了。如此一來，從那種錯誤設計圖產生的異常蛋白質，不僅沒有用處，也可能危及其他正常蛋白質。就像後面會提到普恩蛋白（Prion）或是多麩醯胺酸（Polyglutamine）蛋白，它會引導旁邊的正常蛋白質走上歹路，讓它變質為異常構造，這種情形在細胞社會也相當多見。這時只好將它廢棄，也就是分解。分解有許多方法，但在內質網中特別為品質管理所進行的分解，叫做「內質網相關分解機制」。

以上三種階段還是無法處理異常蛋白質時，若是放置不管，會給隔壁鄰居造成麻煩。無計可施之下只好關廠。這在細胞裡，就是凋亡。前面也提到過，凋亡就是細胞自殺。不斷製造異常蛋白質的細胞，會把自己給殺死。這算不算是品質管理，還有待討論，但細胞發生凋亡一定是對付異常蛋白質累積的最後手段。

以前的名言說：「杜鵑不啼等牠啼」、「杜鵑不啼逗牠啼」、「杜鵑不啼殺了牠」（譯注：這是民間分別形容德川家康、豐臣秀吉、織田信長性格的俗語。德川家康忍耐力強，豐臣秀吉才智過人，而織田信長則是性急。），細胞內的蛋白質品質管理系統，總讓人想起這個俗語。

發生不良品的時候

蛋白質發生不良品的狀況有許多種。前面曾經提過，對細胞施以逆境，最後蛋白質的立體結構就會產生混亂。只要加熱到比一般高幾度時，蛋白質便會曝露在變性的危機中。內質網的蛋白質幾乎都附帶著醣鏈，醣鏈大多可安定蛋白質立體結構，但醣鏈的附加發生瑕疵的話，蛋白質的立體結構就會變得脆弱。其他，像是能量源ATP枯竭時，不僅蛋白質合成過程無法順利，連幫助折疊的伴護蛋白也無法工作，自然有可能引起蛋白質結構異常。如腦缺血的症狀，雖是神經細胞內的蛋白質發生異常，但推測其原因是醣鏈附加障礙及ATP枯竭所造成。

除了對細胞施以逆境外，還有很多狀況是來自遺傳性因素。基因有異常時，也就是遺傳疾病。以囊胞性纖維症來說，它是有百分之三的白種人常染色體隱性遺傳，所造成的外分泌腺遺傳性疾病，特徵為慢性阻塞性肺病或慢性胰臟炎等。該缺陷的基因CFTR中最多的異常案例，都只是一個胺基酸變異造成的。第五〇八號胺基酸只要丟失一個，全體一千四百八十個胺基酸組成的CFTR分子的結構就會發生異常，也不會被分泌運輸到它的工作場所——膜表面去。只有一個胺基酸出現缺失，看起來好像不會對蛋白質的功能產生多大的影響，事實上，用某種方法把這種突變蛋白質送到細胞表面去，蛋白質仍能正常工作。儘管它的變異這麼細微，但細胞還是啟動品質管理機制，把變異的CFTR留在內質網。正因為它在運作，所以不良品絕不會流入市場。人類社會也應該好好學習這種誠實的態度才對。

策略一：生產線停擺

內質網中一旦累積有某種變異，或因逆境而變性的異常蛋白質時，第一個反應的是位於內質網膜的感應蛋白質PERK。在正常狀態下，內質網中的代表性伴護

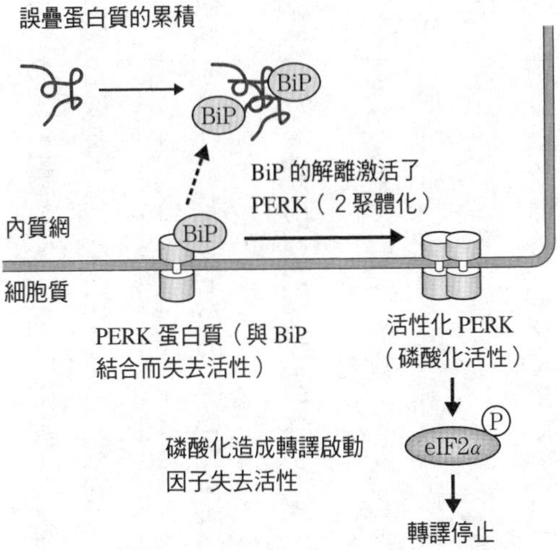

圖 6-1　誤疊蛋白質的處理（之一）

蛋白BiP會黏在這種感應蛋白質上，抑制它的功能。假設變性蛋白質在內質網中增加，變性的蛋白質因為疏水性胺基酸露出分子表面，而變得不安定，很容易因疏水作用而形成凝集體。於是，分子伴護蛋白就會上場了。伴護蛋白會與變性蛋白質的疏水性胺基酸結合、包覆，讓它趨於安定。內質網中的BiP，多會被動員去從事這個作業，與感應蛋白質結合的BiP也被動員了，所以，維持感應蛋白質非活性的安全裝置便脫落了（圖6-1）。

BiP的離開成為一個啟動扳機，激活了感應蛋白質PERK。嚴格來說，或許BiP才是感應器，PERK只是運作的蛋白質。但在這裡，我們把

PERK等一群內質網膜蛋白，稱作感應器。PERK會使蛋白質轉譯時需要的啟動因子之一變得非活性化，以停止轉譯進行。既然蛋白質製造出來也會變性，不如先停止製造。我們可以把它想成一種減少細胞內誤疊蛋白質負擔的策略。此時，由於許多蛋白質合成的翻譯啟動因子是共通的，只要一個蛋白質發生變異，所有蛋白質的合成都會暫停。變成全工廠的生產線暫停。

第一個發現這個機制的是紐約州立大學的大衛·朗恩（David Ron）博士。這位有些貌似耶穌基督的沉靜以色列裔研究者，是在一九九九年發現這個機制的。

策略二：修理員伴護蛋白的誘導而再生

其次發動的是「修理、再生機制」。可以修理的東西就修好再出貨，是合乎情理的。但細胞也會製造出大量的修理員——分子伴護蛋白，意圖使變性的蛋白質再生，這就是第二策略。

內質網的膜除了PERK，還有別的感應因子ATF6存在（圖6-2）。這種因子平常也是跟BiP結合處於非活性化。BiP從變性蛋白質上解離之後，激活了ATF6，使得內質網分子伴護蛋白的轉譯也跟著活性化。這種活性化是剪斷ATF6所產生的。被激活而剪斷的ATF6，有一部分（叫做P50）會轉移到細胞

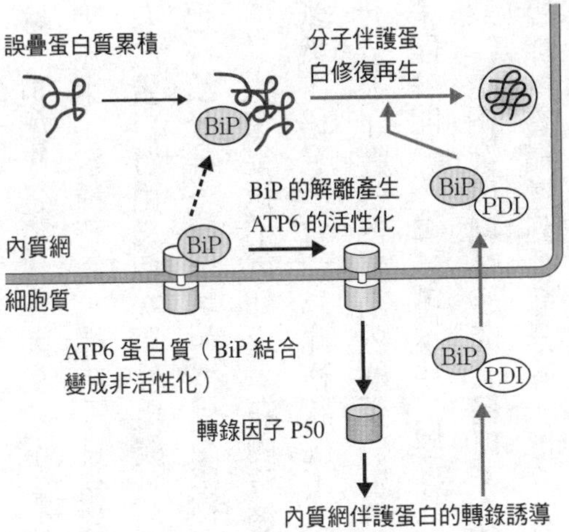

圖 6-2　誤疊蛋白質的處理（之二）

核，成為轉錄因子。BiP以及在內質網中工作的幾種伴護蛋白，會因為ATF6活性化，而一起被誘導出來（例如BiP和PDI等）。誘導出來的伴護蛋白，就會被送進內質網中，協助變性蛋白質再生。

不論是內質網或是細胞質，都有分子伴護蛋白常態存在。伴護蛋白有很多種類，但有分為常態性製造，與出了某件事才特別製造兩種。BiP雖是常態性製造的伴護蛋白，但也是會受誘導的伴護蛋白。例如，誤疊蛋白質留存在內質網中，BiP的量就會上升數倍。一般不會製造太多，只有常態蛋白質合成需要的量。一旦誤疊蛋白質累積起來，為了因應需要，就會連非常勤職員都動員起來。

策略三：廢棄處置

細胞一時受到逆境，造成蛋白質誤疊的時候，或許可以靠著伴護蛋白度過危險，但如果是遺傳性因素，不論怎麼合成都無法成為正常蛋白質時，伴護蛋白也束手無策。這種時候，那些不良品就只好廢棄處理了。除了基因發生異常的場合外，有些蛋白質由幾個次單位組成，如果其中一個次單位生產過剩的話，過剩的次單位也必須分解。將不良品或過剩產物分解處理，是第三策略。

大家從以前就知道，在內質網沒有走上正確分泌路線的蛋白質，會遭到分解。當然，研究者會認為此種狀況下，分解應該是由內質網內部的分解酵素來執行。全世界為了尋找內質網內的蛋白質分解酵素，而展開激烈的競爭，但其真實的面貌還未能解開。不過，倒是在一個意外的地方有了突破性進展。

這個突破就是研究者發現，分解並不是在內質網內部進行，而是將誤疊的蛋白質從內質網送到外面分解。蛋白質合成時，細胞質會將多肽送進內質網內部，但在分解時，卻會從內質網反向送到細胞質。這篇驚人的論文發表於一九九六年的《自然》。顯示內質網的確有一條路徑，會朝細胞質逆運輸，將指定要分解的蛋白質送到泛素—蛋白酶體系的分解機制去。利用這條路徑的分解系統，就叫做「內質網

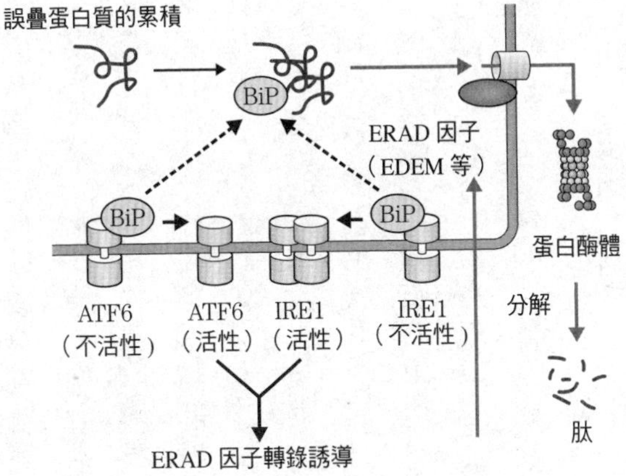

圖 6-3　誤疊蛋白質的處理（之三）

相關分解」（ER-Associated Degradation, ERAD）（圖6-3）。

雖然說「送到外面就好」，但將變性蛋白質送到外面的架構十分複雜。為了分解，必須製造出分解相關的因子。分解時需要的因子包括有，識別誤疊蛋白質，將它帶到逆運輸軌道的因子、搭建逆運輸軌道的要素，或是驅動逆運輸的一群因子、附加信號以便在細胞質做泛素化等分解的因子，還有分解的主要部隊蛋白酶體。尤其是在內質網內部，在將誤疊蛋白質帶到逆運輸軌道的過程中，還發動了極嚴密的檢驗系統。

透過內質網膜分泌，或是到達膜開始工作的蛋白質，會附加醣鏈，這在前面已經說明過（第四章）。在這期間，葡萄糖會修剪成信號，與鈣連接蛋白結合，進行折疊（參考圖4-4）。

另外，為誤疊蛋白質進行分解時，醣鏈的修剪會成為分解的信號。九個甘露糖修剪成八個，好像就成為分解信號。那麼接下來的謎則是識別那個信號的分子是什麼。謎一個接一個出現，大自然的謎永遠沒有解完的一天。

指定要分解的蛋白質的醣鏈，經過修剪而成為分解信號。而識別出它以促進分解的是什麼呢？第一個被找到的是我研究室裡發現的EDEM因子。如圖6-3所示，EDEM是在ATF6和另一個感應因子IRE1兩者都活性化後，才被誘導出來的。這裡分解的安全裝置有兩重。

EDEM識別出誤疊蛋白質的甘露醣鏈，便促使它從內質網膜的軌道送出到細胞質。逆運輸到細胞質的蛋白質，會有泛素與之結合，再由蛋白酶體進行分解。自二〇〇一年EDEM發現以來，雖已在《科學》等幾家雜誌發表成果，但之後也有其他報告提出同樣的分解信號識別分子。

策略四：關閉工廠

上面幾個策略都無效時，最後便會祭出凋亡，即自殺的指令，促使細胞自殺。這也就相當於關閉工廠。分解這條路非常漫長而複雜，但走向凋亡的過程更加複雜。細節在此省略，不過它和第一階段同樣從PERK因子的活性化開始，然後接續地活化下游的因子，藉由這樣的信號傳達，最後讓細胞到達死亡的地步。由於若要詳述全貌，就會超越本書的範圍，所以不得不割愛。總之，到最後激活了蛋白水解酶Caspase，才引起了凋亡。

品質管理的「時間差攻擊」

我們前面看過了品質管理的四個策略，分別是轉譯停止（生產線停止）、分子伴護蛋白協助蛋白質再生（修理、再生）、藉由ERAD分解（廢棄處理），還有細胞自殺（關閉工廠）。事實上，這四種反應不會同時發生，四個階段是循序漸進地進行，也就是所謂的「時間差攻擊」。

在有關生產線即轉譯停止方面，並不需要合成新的蛋白質，只將轉譯啟動因子磷酸化，就能產生反應。這應該是最早的反應。因為修理和再生，必須製造出伴護蛋白，蛋白質合成過程必須進行一次，所以它會比停止轉譯更晚一點發生。內質網相關分解所需要的EDEM及其他因子，前面沒有詳述，但它需要兩階段的蛋白質合成，因此一般認為時間上會比修理、再生更晚。在到達凋亡前，需要更多階段的信號傳達，所以它會是最後的手段，在變性蛋白質分解之後才出現效果。

就細胞的品質管理策略來說，「時間差攻擊」是合理的。如果修理之後還可堪使用，就沒有必要分解，因此先誘導伴護蛋白，嘗試修理和再生。真的修不好，一直放置在那裡，有導致凝集等不利的環境之虞，所以才送出工廠（也就是內質網）進行分解。分解再不行，才採取最後的手段進行細胞破壞。從生產線停止開始，這些階段按著順序開始反應，先後順序早有定律。它的系統可說完美合理得令人訝異。

我其實並不完全同意用人類社會向目的性看齊的解釋，來說明細胞世界的種種現象。因為我們判斷為合理、合乎目的的反應或方法，未必都與「自然界」的合理性一致。因此，將我們人類社會中的現象，類比到細胞世界來解釋時，必須非常謹慎。在科學界中，有些乍看不合理的現象，或許含有我們無法理解的合理性，而這裡面才正隱藏著「未知」的趣味與驚奇。

在這樣的前提下，所以我才對蛋白質品質管理機制的四個步驟感到驚奇。這四個步驟一一解開的過程中，我都在第一時間親眼看到。但每個月我都還是半帶著恐懼（當然是擔心在競爭中被人超越），以及更多的興奮，去了解世界科學刊物上刊載的新知。細胞中的蛋白質品質管理機制，雖然只是細胞這個微宇宙的一小個片斷，但在細胞的範疇中，這麼令人驚異的精巧結構和系統的發達，實在不得不讓人重新思考其中的生命現象。

品質管理漏洞而出現的病態

蛋白質的一生與我們人體的生命活動息息相關，而疾病讓我更切實地體會到這一點。疾病的種類一言難盡，但其中有些遺傳疾病和神經變性疾病，與蛋白質的合成有著密切的關係。

就如前面我一再強調的，基因的訊息指定了蛋白質的胺基酸序列。當基因發生變異時，用它編碼的蛋白質也會產生變異，最後造成蛋白質無法生成，或是生成後沒有功用，甚至於引發功能低落的狀態，因而引起疾病。這就是一向的「遺傳病」概念。換言之，這種想法即是基因突變造成蛋白質的「功能喪失」（Loss of Function），導致了疾病的產生。

的確，功能喪失導致的遺傳病為數眾多，甚至多到數不清。舉例來說，有一種先天性代謝異常的代表疾病，叫做苯酮尿症（phenylketonuria），它是肝臟的苯丙胺酸羥化酶活性明顯低落所造成的體染色體隱性遺傳疾病。苯丙胺酸在羥化之後會代謝為酪胺酸，但若是為這種反應做觸媒的酵素活性低落的話，苯丙胺酸累積起來，在血液中的濃度就會不斷上升，最後引發智能發展遲緩。在新生兒時期進行檢查，若有此懷疑時，會以低含量苯丙胺酸飲食來治療。只要度過這段時期，苯酮尿症就沒有發病的危險。

血友病

血友病，是一般人相當熟悉的遺傳性疾病。通常手指破皮受傷時，該處的凝固信號會啟動，開始凝固反應，帶動一連串的血液凝固因子活性化，最後纖維素原（fibrinogen）轉換成纖維蛋白，使血液凝固而止血。但是，負責這個過程的因子，若是其中之一發生異常的話，之後程序就無法工作，出血無法止住，不久後便引發貧血。不僅是受傷的時候，只要刷牙時牙齦稍稍出血，或是女性的經期，都會因無法停止出血而導致貧血。

血液凝固反應也像蛋白質分解一樣，如果隨便啟動都會導致極危險的狀態。實際上，按照血液凝固的機制設計，需經過十個以上的因子按順序經歷數個階段的反應，才會發生凝固的狀態。但是這其中的任一個因子，若是出現缺損、變異的話，血液就無法凝固了。血友病的發生，主要是第VIII因子，以及第IX因子出現異常。這些因子的活性太低，血液凝固便會產生異常了。

其他還有非常多種遺傳疾病，大多是重要的蛋白質無法合成，或是無法作用所導致的。由於這些疾病的原因來自於基因的缺陷，因此未來可能會發現相當多基因治療的方法吧。

折疊異常疾病的發現

不過，最近研究發現，有些遺傳病的原因不在於蛋白質功能喪失，而是由於合成好的蛋白質凝集、變性導致而成。變性蛋白質原本透過品質管理機制，已做了安全處理，但不知什麼原因，出現了品質管理來不及彌補的漏洞。於是這些蛋白質在細胞內累積，引發了異常。也就是說，這是一種變性蛋白質聚集，形成凝集體，取得原本沒有的功能的一種疾病。這種疾病不是「功能喪失」（Loss of Function）而應該是「功能增加」（Gain of Function）。我們將它稱之為折疊異常病（表6-1）。

發現它的存在後，便漸漸明白這種疾病其實很多。例如白內障，是鏡片結構的蛋白質——水晶體變性而混濁的疾病，它就是一種折疊異常病。此外，在遺傳病中極具代表性的糖尿病方面，研究者也發現不僅有Loss of Function的例子，也有Gain of Function的狀況。從前人們只知道糖尿病是因為基因產生缺陷，而無法製造胰島素，因此是功能喪失型疾病。後來才知道，另一種因為胰島素基因之一產生變異，造成折疊異常，因而逐漸影響到其他正常的胰島素，最後變成胰島素整體不足的狀況。最具代表性的例子就是以糖尿病樣板動物而馳名的秋田鼠。

秋田鼠的身上發生了胰島素基因變異。如第四章所述，胰島素是由內質網三個雙硫鍵所形成。在秋田鼠體內，胰島素基因之一（Ins2）發生變異，位於A鏈的半胱胺酸（形成雙硫鍵）變化成酪胺酸。所以，A鏈和B鏈之間無法結合成雙硫鍵，引起折疊異常。

老鼠有兩種胰島素基因，由於染色體成對，所以加起來一共有四個基因。秋田鼠最耐人尋味的地方，在於儘管其中只有一個基因發生變異，其他三個都正常，但老鼠出生六週到十週，胰臟的β細胞減少，胰島萎縮，隨之而來的便是高度糖尿病發作。儘管有四分之三，也就是百分之七十五的胰島素是正常的，為什麼糖尿病還是會發作呢？恐怕是因為雙硫鍵無法正常形成，應該成對的半胱胺酸與其他正常的胰島素肽鏈的半胱胺酸組成雙硫鍵。於是，另一個不能成對的半胱胺酸把別的胰島素牽連進來……一而再再而三地，不斷地牽連正常的胰島素分子，因而形成了異常的結構體吧。這是Gain of Function的代表性範例。

神經退化性疾病

我必須再說明一下「功能增加」類型的遺傳病代表——神經退化性疾病。如前所述，身體的細胞會不斷新陳代謝，在一年之後約會替換掉百分之九十幾，然而神

表 6-1 折疊異常病（幾種代表性病症）

病名	致病蛋白質
囊胞性纖維病	CFTR（氯離子通道）
馬凡式症候群	纖維蛋白原（fibrillin）
成骨不全症	I 型膠原蛋白
α 1 抗胰蛋白酶缺乏症（肺氣腫）	α 1 抗胰蛋白酶
白內障	晶體蛋白
阿茲海默氏症	澱粉樣 β 蛋白
過多麩醯胺酸疾病（杭丁頓氏症等）	過多麩醯胺酸蛋白質 Huntingtin
巴金森氏症	α-synuclein
肌肉萎縮性側索硬化症（ALS）	SOD1（超氧化物歧化酶）
傳染性海綿狀腦病	普恩蛋白

經細胞在某個年齡之後，便不會再增加了。現在確知神經細胞裡有幹細胞，也知道神經細胞會繼續生成。但大部分的神經細胞都不會活潑地增殖，而是走向死亡一途。不只記性會越來越糟，還會產生嚴重的問題。因為神經細胞一旦發生變異，該細胞就得抱著那個變異，長時間地生存下去，轉而顯示為嚴重的神經退化性疾病。

神經退化性疾病中的代表性疾病有阿茲海默症、巴金森症、肌肉萎縮性側索硬化症（ALS），或是傳染性海綿狀腦病、過多麩醯胺酸疾病（Polyglutamine diseases）等。其中不論是偶發性的、遺傳性的，或是像傳染性海綿狀腦病這種傳染性的都有，它們的共通原因都在於基因製造出來的蛋白質，發生異常折疊，形成凝集體，因而造成神經細胞壞死。

「紅鞋」的病

有一種病叫做杭丁頓舞蹈病（現在採用的名稱為杭丁頓氏症）。在安徒生的童話中，有個穿上紅鞋後便一直跳舞跳個不停，終於累倒而死的故事，後來還拍成了電影，十分有名，據說故事的發想就是來自杭丁頓氏症的患者。

為什麼會一直跳個不停呢？當然並不是病人想這麼跳，而是神經受到侵害，在運動上發生異常，從外人看來，就像是在跳舞一樣。罹患BSE（牛海綿狀腦症）的牛，也會做出奇怪的動作，巴金森式症的患者則會產生類似發抖的症狀。

杭丁頓氏症的原因在於一種叫杭丁頓的蛋白質發生異常。這種蛋白質，在正常人體內也都存在，但目前還不確知它的作用是什麼。這種蛋白質的胺基酸序列中，有個區域排列了數個麩醯胺。正常的狀況下，排列的麩醯胺酸從十個到三十五個之間（表6-2）。但是，從杭丁頓症的患者身上檢查出來，他們杭丁頓中的麩醯胺酸有四十個以上，多數案例會有一百二十個重複排列。

麩醯胺酸重複排列所引起的疾病，統稱為過多麩醯胺酸疾病。麩醯胺酸的反覆排列叫做過多麩醯胺酸，又或是叫PolyQ Repeat，又因為編出麩醯胺酸的遺傳密碼為CAG，所以又叫CAG重複。

表6－2　過多麩醯胺酸疾病與重複的序列

疾病名	致病原	CAG 重複	
		正常	病態
脊髓延髓肌肉萎縮症	男性荷爾蒙受體	7-34	38-68
杭丁頓氏症	Huntingtin	10-35	37-121
小腦萎縮症第一型	失調質（ataxin）-1	6-39	43-82
小腦萎縮症第二型	失調質 -2	14-31	35-59
小腦萎縮症第三型	失調質 -3	13-44	65-84
齒狀紅核蒼白球肌萎縮症	Atrophin-1	5-35	49-85

過多麩醯胺酸疾病發病機制

人體裡的蛋白質中，很多都有過多麩醯胺酸重複，因此，過多麩醯胺酸疾病的種類也形形色色。但不管哪一種病的病人，都有一種共同的特徵，那就是過多麩醯胺酸重複的個數明顯增加。一般認為重複個數超過四十個以上就會發病。

過多麩醯胺酸疾病在家族性的特點，目前已知每經過一代，麩醯胺酸的重複次數就會增加，同時，重複次數越多，就越會在年輕時出現症狀。剛超過四十個的程度，會到年紀相當大時才發病，但多麩醯胺酸的擴張比例越高，發病的年齡就會越小，另外，也會出現明顯的腦萎縮。多麩醯胺酸重複由於不安定，在親傳子時很容易異常擴張。這就是每經過一世代，發病年齡就會變小、症狀變重的原因。它叫做早現遺傳現象（anticipation）。研究者知道，因為某個原因，親代遺傳給子代時，會出現更大的擴張，並更加嚴重。不管是父母的哪一方，基因發生變異的話，就會成為遺傳子代的顯性遺傳病。

從發病的機制來說，疾病的主因在於多麩醯胺酸的部分非常不安定，馬上就會凝集。多麩醯胺酸部分很容易形成二級結構的β摺板，但β摺板的特性是，彼此間會因疏水作用相互會合。它們會形成有規則性的凝集體，而非無秩序的凝集，這會製造出六到十奈米粗的纖維結構，叫做澱粉樣蛋白（圖6-4）。這些纖維會陸續帶入其他多麩醯胺酸β摺板，一邊成長。澱粉樣蛋白纖維疏水性極高，它會沉積於組織，引起澱粉樣變（Amyloidosis）的病態。

過多麩醯胺酸疾病除了杭丁頓氏症外，現在還知道有脊髓延髓肌肉萎縮症、小腦萎縮症、齒狀紅核蒼白球肌萎縮症等，種種脊髓小腦變性病（參照表6-2）。這些疾病都會製造澱粉樣蛋白，但澱粉樣蛋白纖維，卻不只是多麩醯胺酸蛋白質會製造，像阿茲海默氏症的β蛋白質（Aβ）、庫賈氏病（Creutzfeldt-Jakob disease）或ＢＳＥ等的普恩蛋白、家族性澱粉樣多發性神經病變的甲狀腺素運輸蛋白（Transthyretin）等，同樣會製造澱粉樣蛋白纖維。

對於這種代表多麩醯胺酸蛋白質的澱粉樣蛋白纖維形成，有很多種說法，有一

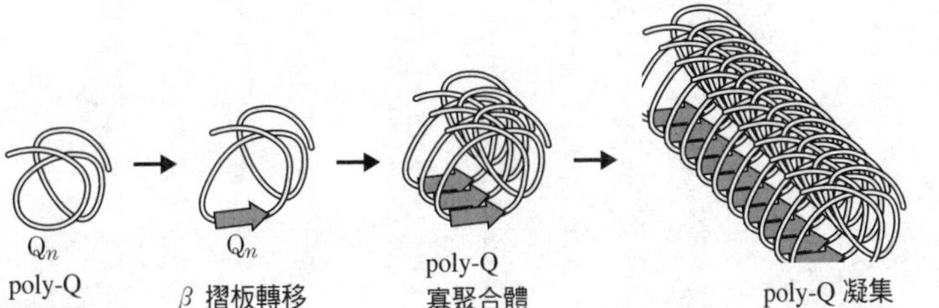

圖 6-4　過多麩醯胺酸疾病的澱粉樣纖維形成

說認為澱粉樣蛋白本身具有毒性，另一個說法認為，在它之前的寡聚合體，也就是 β 摺板數個聚集在一起的東西，其實就具有毒性。但最近卻以另一個看法最為有力，它認為具有毒性的是寡聚合體，但形成澱粉樣蛋白纖維後失去了毒性。研究者也認為，在形成凝集體時，凝集的物質本身毒性很低。他們認為，製造出凝集體，隔離它們會抑制住毒性，但看起來這個理論要獲得證實還需要一段時間。

不能再生的神經細胞

當然，神經細胞之外的千百種細胞，也都同樣會發生多麩醯胺酸蛋白質的凝集。但是，細胞會經由分裂而頻繁替換，就算這些細胞具有多麩醯胺酸蛋白質的毒性而死亡，也會有別的細胞增殖而使組織再生。但是，神經細胞幾乎沒有再生的可能。只要一旦凝集，細胞死亡，就幾乎不再補充，而維持缺損的狀態。因此才會引起神經變性等嚴重的症狀。

若從治療方面來思考，抑制多麩醯胺酸蛋白質的凝集，當然是一大方向。包括我們研究室在內，已有數個報告指出，某種分子伴護蛋白可以阻止凝集的發生。目前正在探尋藉由誘導特定伴護蛋白來阻止凝集的可能性。此外，搜索低分子化合物，使之與特定的凝集蛋白質結合來防止凝集，也是全世界正熱烈競爭的一項研究。或許在最近的未來，就會有阻凝藥物的報告提出。

阿茲海默氏症

圖6-5上側的照片，是將人體細胞放進試管中培養，再放入杭丁頓氏症的致病蛋白質——Huntingtin 基因的景象。在基因工學中，會將螢光物質的基因與 Huntingtin 融合，使細胞中的 Huntingtin 蛋白質發出螢光。多麩醯胺酸的重複次數變大，Huntingtin 凝集，就會像照片中那樣，變成塊狀發光。有這種凝集塊的細胞，便會凋亡而死。

下側照片是阿茲海默氏症病人的腦剖面。從圖片即可知道，正常人的腦應該是密集地擠在一起，但罹患此病的腦，因為神經細胞剝落而變得疏鬆。阿茲海默氏症也是因為容易凝集的 β 澱粉樣蛋白質不斷累積，以致神經細胞死亡的疾病（後述）。

各種海綿狀腦病

普恩蛋白也和 Huntingtin 一樣，是我們每個人都擁有的蛋白質，但是它的作用現在尚不清楚。普恩蛋白產生變異而引起的神經變性疾病，統稱為海綿狀腦病。這是因為神經細胞死亡、剝落後，大腦變成海綿狀的緣故。因普恩蛋白有問題而引起的疾病叫做普恩蛋白疾病。

海綿狀腦病中最為人所熟知的，應該是牛的 BSE（牛海綿狀腦病）吧（最近已經不用「狂牛症」〔Mad Cow Disease〕這個稱呼了）。雖然科學家知道牛是從較久以前就有這種病，但這種病並不只發作在牛身上，也在人和其他種種動物身上發現。

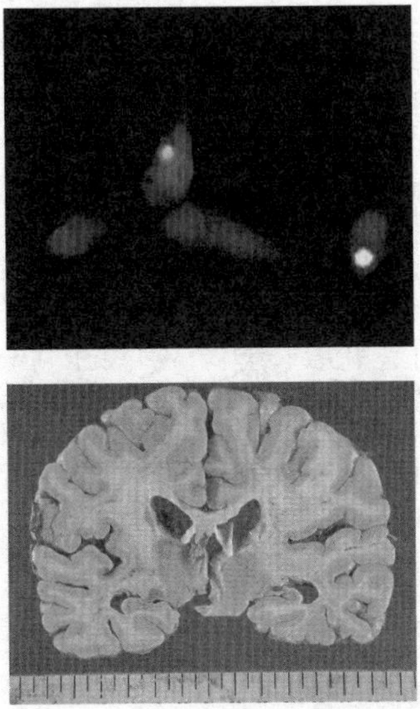

圖 6-5　細胞內 Hungtingtin 的凝集（上），以及阿茲海默氏症患者的腦剖面圖（下）。

第一個發現生病的可能是綿羊。綿羊的海綿狀腦病叫做羊搔癢症（Scrapie），和 BSE 是同樣的病。Scrapie 有「摩蹭」的意思，罹病的綿羊會因為發癢而在柵欄邊摩蹭身體，病名便由此而來。其他在像貓、美洲獅、貂、鹿、麋鹿等多種動物，都發現了相同的病。雖然病名都有一些出入，但它們同樣都是普恩蛋白疾病。剛開始，科學家猜測會不會是跨種感染，但最後明瞭並不是這樣。

人的普恩蛋白疾病

在人體上發現的第一宗普恩蛋白疾病，是從巴布亞新幾內亞高地的佛亞族人身上發現的庫魯病。它會引起神經變性，出現痴呆的症狀，進而侵入運動神經，最後導致死亡。

庫魯病的特徵是好發於女性。事實上，這個病的起因是該部族嗜吃人肉。當村裡有人死亡，為了追悼死者，家屬有聚集起來攝食死者腦部的習慣。發病的病人之所以大部分是女性，據說是因為男女食用的部位不同的緣故。在佛亞族中，女性因此病而早死的人數很多，也因此，他們採行一夫多妻制。

普恩蛋白疾病都大同小異，在感染之後，經過很長時間才會發病。由於時間長達三十年，因此不太容易找到原因。第一位發現這種病的，是美國的醫生D. C.卡達塞克。他因為這個發現，而獲得一九七六年諾貝爾生化醫學獎。而美國的ＢＳＥ研究權威史坦利．普西納則跟隨他的腳步，確認了普恩蛋白是這種病的病因。普西納也因為這項發現，獲得一九九五年諾貝爾生化醫學獎。

散發型普恩蛋白

不只是庫魯病，現在已知還有其他的人類普恩蛋白疾病，最有名的就是庫賈氏病吧。研究人員認為這是牛的BSE在英國確認後，經過十幾年間感染給人類的病。其他還有以GSS（Gerstmann-Straussler-Scheinker syndrome）、FFI（fatal familial insomnia，致死性家族性失眠症）等種種名字來稱呼的病症，現在大家已知道其實都是因為普恩蛋白異常所引起的。

普恩蛋白有傳統型和散發型兩種。傳統型極普通，我們人體中都有。從神經細胞到其他細胞的膜，都有它的存在。圖6-6顯示兩種普恩蛋白的分子結構，呈螺旋狀的是α螺旋，有箭頭的板狀部分為β摺板。與傳統型相比可知，散發型的β摺板異常增加。因為某個原因，使傳統型改變成散發型，而與多麩醯胺酸一樣，該β摺板部分凝集，讓細胞走向死亡。

普恩蛋白的感染力

為什麼普恩蛋白這麼恐怖呢？主要是因為散發型普恩蛋白一旦進入體內，就會

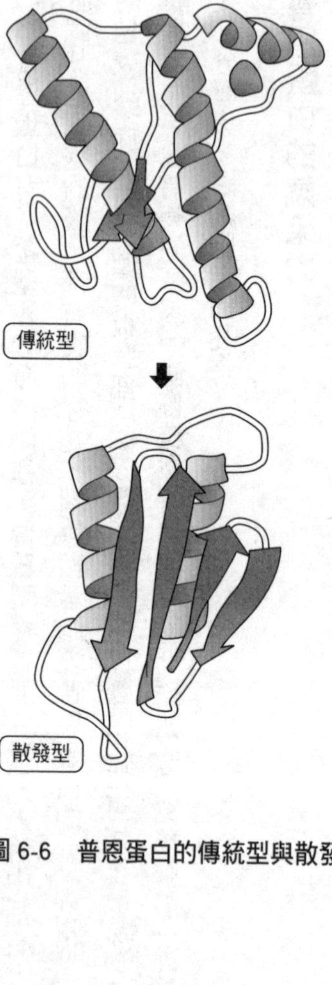

圖 6-6　普恩蛋白的傳統型與散發型

成為種子，把我們原本擁有的傳統型普恩蛋白逐漸轉變為散發型。

散發型普恩蛋白以某種方式進入體內，與傳統型接觸，於是傳統型普恩蛋白就起了結構變化（圖6-7）。接著它再與其他傳統型接觸，又變成散發型……這樣的過程一再重複下，散發型的部分便逐漸成長，如前面圖6-4所見，製造出 β 摺板連結成的澱粉樣蛋白纖維。

繼而，最麻煩的是，這些纖維越變越長的時候，不知道受到什麼刺激，它會四分五裂變成一片片小碎片，然後再次產生同樣的反應，連鎖性地將散發型普恩蛋白

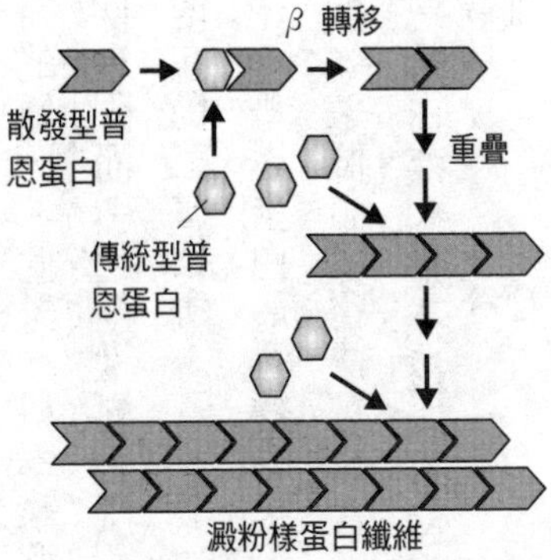

圖 6-7 傳統型普恩蛋白的結構變化

擴散出去。

BSE的威脅

這種感染方法恐怖之處在於，它與DNA完全沒有關係。在此之前已知的感染症，不管是細菌感染或病毒感染，都一定以某種形式與DNA產生關聯。結核菌和赤痢菌之類的細菌，由於有自己的基因，所以是在宿主細胞的環境內增加該基因，藉此增殖，然後轉移到下一個細胞，或是殺死細胞。感冒病毒或愛滋病的致病病毒，無法靠自己的力量增加，所以它會先把自己的基因送進細胞，借用宿主細胞的機制，增加自己的基因，然後再散播到周圍去。

但是，普恩蛋白疾病卻不一樣，它增殖的機會只在蛋白質進入細胞，與DNA完全無關。說得單純一點，光是吃到感染BSE的牛肉，就會感染。

一九八〇年代中期，英國發生BSE大流行，約有十七萬頭牛受到感染，最後有四百七十萬頭牛遭到撲殺，演變成前所未有的危機。最初的感染源，直到現在還是個謎，但目前最確定的說法是，用感染牛的肉骨粉做成飼料，才是導致大量流行的原因。此外，科學家發現原本認為不會跨種感染的BSE，竟然出現牛傳人事件，因而引起全世界恐慌。光是英國就出現了八十名以上的犧牲者，這個新聞直到現在仍記憶猶新。

普恩蛋白最難纏的是，它相當耐熱。就算用一百度煮沸，還會殘留一部分。當然，這個溫度會使DNA喪失功能，但不能防止普恩蛋白疾病的感染，這也顯示普恩蛋白疾病是不透過DNA感染的病症。因此，感染牛不論怎麼煮怎麼燒都不能吃。

普恩蛋白只要有一點點進入人體，就能影響到我們體內已有的普恩蛋白，然後不斷增殖。這是普恩蛋白最令人頭痛的地方。

普恩蛋白與分子伴護蛋白

目前，普恩蛋白疾病完全沒有根治的治療法。但是由於散發型普恩蛋白會引起傳統型普恩蛋白的結構變化，進而感染。若是如此，是否可能利用分子伴護蛋白，阻止結構變化來治療它呢——基於這種想法，目前已開始進行研究。

例如，與我們關係密切的酵母，也和人體一樣帶有普恩蛋白。受到散發型普恩蛋白感染後，酵母菌也會和人一樣，出現普恩蛋白凝集，製造出澱粉樣纖維。但是此時，我們將請出前面提到技藝高超、把煮蛋變回生蛋的環型伴護蛋白HSP104。根據酵母的研究，這種HSP104似乎有抑制傳統型普恩蛋白轉變為散發型的作用。

HSP104的作用，需仰賴細胞內存在的量來決定。HSP104量多時，就會發揮抑制傳統型轉為散發型結構的功能。但是完全沒有HSP104時，卻也不會產生結構變化。也就是說當它是零，或很多的時候，都不會引起結構改變。因此，現在正在研究，如果大量投入這種伴護蛋白，是否就能防止感染。

除了運用伴護蛋白外，為了抑制散發型的凝集，目前的研究著力在尋找蛋白質之間有沒有可以防止重疊的低分子物質，或是其他可與普恩蛋白結合的物質等，不斷嘗試著種種治療方法，但遺憾的是一直沒有發現決定性的物質。

阿茲海默氏症的機制

與普恩蛋白疾病近似的，就是知名的阿茲海默氏症。這種病現已可確知是一種折疊異常病。阿茲海默氏症是由德國精神病理學家阿茲海默首先提出病例報告，於是以他命名的一種神經變性疾病。此病的特徵有三，即病人的腦神經細胞脫落，而呈現明顯的萎縮；神經細胞內可看到纖維狀物質堆積的神經原纖維變化；以及大腦皮質出現廣泛的斑狀物堆積，稱之為老年斑。阿茲海默氏症中也有因遺傳因素引起的，這一部分的家族性阿茲海默氏症的致病因，是一種貫穿細胞膜的蛋白質，叫做澱粉樣蛋白前驅蛋白（APP），目前相當受到矚目。這種蛋白質雖然原本就存在於人體內，但它具有什麼功能，目前還不清楚。

APP的特徵是，當它在某個特定地方被切斷後，就會開始產生毒性。如圖6-8所示，一種叫β-secretase的切割酵素會把APP切斷，接著在膜的內部，另一種γ-secretase的切割酵素又再將它切割。於是它成為Aβ蛋白，四十二個短片斷在細胞內遊離。這個Aβ42非常不安定，很快會凝集，形成澱粉樣纖維。這就是神經細胞死亡的原因，變成二〇五頁照片中所看見的，明顯萎縮的大腦。這些Aβ沉積形成的就是老年斑。現在嘗試的治療方法，是製造β-secretase、γ-secretase的阻礙劑，來阻止APP被切割，但還無法得到完全的解決。

走向新治療法

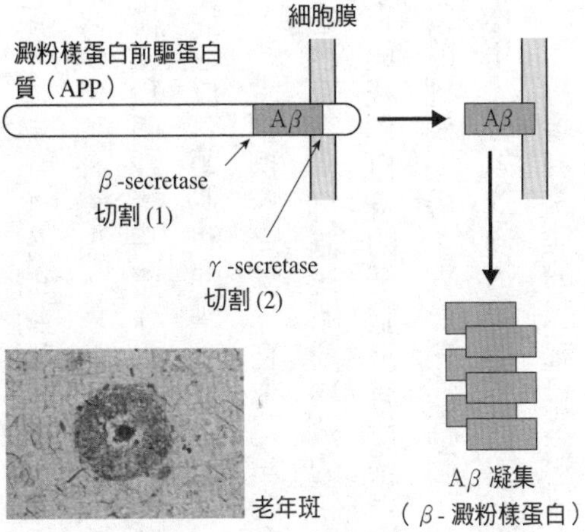

圖 6-8　β-澱粉樣蛋白……

這種病態是從前遺傳病理概念上無法理解的新概念。從前的遺傳病思考方式，大致上來說是某個特定基因產生變異，造成該蛋白質負責的功能損壞，所以才會生病。當然，還有為數眾多的病態無法歸納進這個概念。像最後一章所介紹的疾病，都與這個概念大相逕庭。這些疾病並不是特定蛋白質的功能有損害，甚至根本與蛋白質的功能無關，而是該蛋白質的不安定性，造成凝集體，而為細胞帶進毒性，最後呈現神經細胞剝脫落的症狀等。從折疊異常病這個名字，就可看見病因的端倪。

看到前面的說明，更重新體會到蛋白質品質管理對生命體的重要。從折疊異常，以及那些異常蛋白質品質管理的觀點，我們終於發現還有很多從前觀念無法歸納的遺傳病存在。而且不只是遺傳病，我們又新發現像普恩蛋白那樣，不經DNA中介的新感染病面貌。

折疊和品質管理是細胞為了讓蛋白質正確工作，而精密架構起來的系統。這個系統在完美工作的期間，我們很少會去留意，然而，一旦它出現漏洞，或是品質管理機制運作過度，就會以明顯的病態在我們眼前停留。正因為這些蛋白質原本就是構成我們身體一部分的物質，所以才很難找到治療的方法。在某個層面上，它和癌症治療有類似的困難。

說到癌症之源，它也是構成我們個體的細胞發生了某種變異、惡化導致的病。它也有不善抑制、不斷增殖的特質，而且該細胞也會喪失原本的功能。除此之外，它與我們自身的細胞沒有什麼差異之處。正因為如此，我們體內無法像攻擊其他入侵的細菌一般，只殺死癌細胞。利用抗癌劑等化學療法，都會有殺死正常細胞的副作用，必須找到折衷點進行治療。

折疊異常病的狀況也是類似，由於它是充斥於體內的蛋白質「窩裡反」，所以，現階段在尋找針對它的治療法上，還陷於困境當中。從了解更多折疊的特質，並且更詳細地研究品質管理機制中，尋找有效的治療方法，將是未來克服這些疾病無可避免的一個重要步驟。

後記

寫在DNA中的遺傳訊息整體，叫做基因體。如大家所知，人類基因體計畫在二〇〇三年完成。由三十億個文字（鹼基）所寫成的人體訊息，即親傳子的所有遺傳訊息，現在都已經解開了。

蛋白質是根據這些基因的訊息製造出來的，那麼有關蛋白質的一切，也全都解開了嗎？答案是否定的。

我個人認為，自然界的趣味，或是科學世界的醍醐味就在於，當解開一個事實時，就有更多更多的謎和疑問湧出來。湧出來的「不懂的事」比「懂的事」多得更多。這種不可思議，就是將我們牢牢地嵌在自然科學這個領域中，永遠不厭倦地日夜研究的原因。

蛋白質是一種性格豐富的物質。胺基酸不同的序列，會以不同結構或功能來呈現。表情和功能可以說千差萬別。如果說DNA是只會複製密碼、讀取密碼的書呆子，那麼蛋白質就是提供自我去從事各種勞動的工作者。生命活動中的所有作業，都需要蛋白質。細胞內所有的基礎建設、蛋白質自己的生產和管理、接受或控制種種訊息，在生命活動中，可以說沒有任何一部分不需要蛋白質的參與。

性格如此豐富的蛋白質，自然是自古以來的研究對象。在生命科學的研究中，它是研究者最多的領域。但是，從前說到蛋白質，大家研究的對象只有獲得某些結構，也就是成熟的蛋白質。然而，實際在細胞的內部，蛋白質的狀態類型變化多端，從蛋白質剛出生時的多肽，到完成正確結構的成熟蛋白質都有。而科學家們注意到這一點，其實並不是太久以前的事。毋寧說那是極近期才發現的事實。

在文部科學省（譯注：即教育部）有一個針對特定領域研究的科學研究費制度。從二〇〇二年開始的五年內，在我們的領域內，設置了一個特定領域研究，就叫做「蛋白質的一生」。「蛋白質的一生」雖然作為科學研究費的團體名稱有些特別，但目前經過揀選，全國約有六十個研究小組，都分別有了可觀的成果。在此之前，我們有個研究團隊，叫做「分子伴護蛋白的細胞功能控制」，由我擔任代表，現在我們將「蛋白質的一生」持續發展，進而成立「蛋白質的社會」團隊。在這個領域中，日本的研究者對世界貢獻卓著。而文部科學省的科學研究費制度，因妥善地分配團隊研究的研究費，對於研究者層面的擴充，互相訊息交換、切磋琢磨上，發揮了很大的力量。

我身為這個特定領域研究班的一員或代表，已在「蛋白質的一生」相關研究上，投注了近二十年的心血。如書中所談到的，在包含思維轉移（paradigm shift）的領域，每個重大發展，我都在第一時間親身面對。蛋白質的一生雖是極普遍、基礎的研究，但從這裡繼續推進，就會與 BSE 等普恩蛋白疾病、阿茲海默氏症等種種神經變性疾病的病態研究接軌，這些令人興奮的過程，我也曾經參與過。

在近距離看到這些研究的過程，促使我決定寫下這本書。所謂的「科學常識」，很難傳達給一般讀者了解，為了要正確地傳達，有時會被一些瑣碎處困住而寫得太過專業，有時則是太在意普遍性而寫得不完整。總之，雖然意識到題材在本質上的困難，但盡可能地把這個領域的趣味，傳達給平常與生命科學領域完全不相干的讀者，就是我寫作這本書的心態。我之所以把焦點放在蛋白質的一生，是希望藉由這個例子，讓讀者領略到細胞雖然是個肉眼看不見的微小世界，但它卻是這麼精巧而完美。如果它能成為一個契機，讓讀者對我們生命的最基本單位——細胞，產生一點興味，就是我最大的安慰了。

我的專業，是分子伴護蛋白與蛋白質的品質管理領域。但是在說明時，我必須進一步談到一般細胞生物學的多個領域。這裡面仍有許多個人能力不及之處，也應會有錯誤或不察的地方。這些細節若有任何不適當，都是筆者個人的責任。

本書的誕生，得力於岩波書店新書編輯部古川義子小姐之處甚大。她總是用熱切的眼光提出各種疑問，因此我才能修正許多不完備，而做出最適切的記敘。熱心的學生教育老師，優秀的讀者教育作者，在此我再次深表感謝。

二〇〇八年五月　永田和宏

國家圖書館出版品預行編目資料

蛋白質的一生: 認識生命科學的第一本書 / 永田和宏著 ;
陳嫺若譯. -- 初版. 台北市 : 商周
出版 : 家庭傳媒城邦分公司發行, 2009.09
面 ;　公分. -- (科學新視野 ; 92)

譯自 : タンパク質の一生－生命活動の舞台裏

ISBN 978-986-6369-29-2 (平裝)

1. 分子生物學 2. 蛋白質　3. 生命科學

361.5　　98013353

科學新視野 92

蛋白質的一生（改版）－認識生命科學的第一本書

作　　者 / 永田和宏
譯　　者 / 陳嫺若
企畫選書人 / 黃靖卉
責任編輯 / 黃靖卉

版　　權 / 黃淑敏、吳亭儀、邱珮芸
行銷業務 / 周佑潔、黃崇華、張媖茜
總經理 / 彭之琬
事業群總經理 / 黃淑貞
發行人 / 何飛鵬
法律顧問 / 元禾法律事務所王子文律師
出　　版 / 商周出版
台北市104民生東路二段141號9樓
電話：(02) 25007008　傳眞：(02)25007759
E-mail：bwp.service@cite.com.tw
發　　行 / 英屬蓋曼群島商家庭傳媒股份有限公司 城邦分公司
台北市中山區民生東路二段141號2樓
書虫客服服務專線：02-25007718；25007719
服務時間：週一至週五上午09:30-12:00；下午13:30-17:00
24小時傳眞專線：02-25001990；25001991
劃撥帳號：19863813；戶名：書虫股份有限公司
讀者服務信箱：service@readingclub.com.tw
城邦讀書花園：www.cite.com.tw
香港發行所 / 城邦（香港）出版集團有限公司
香港灣仔駱克道193號東超商業中心1樓_ E-mail:hkcite@biznetvigator.com
電話：(852) 25086231　傳眞：(852) 25789337
馬新發行所 / 城邦（馬新）出版集團【Cite (M) Sdn. Bhd. (458372U)】
11, Jalan 30D/146, Desa Tasik, Sungai Besi,
57000 Kuala Lumpur, Malaysia
電話：（603）90563833　傳眞：（603）90562833

封面設計 / 張燕儀
版面設計 / 洪菁穗
排　　版 / 極翔企業有限公司
印　　刷 / 前進彩藝有限公司
經 銷 商 / 聯合發行股份有限公司 電話：(02) 29178022　傳眞：(02) 29110053
地　址：新北市231新店區寶橋路235巷6弄6號2樓

■2009年 9月初版
■2021年 1月8日三版1.2刷
定價280元　　Printed in Taiwan

 ISBN 978-986-6369-29-2　EAN 471-770-210-176-3

請於此處用膠水黏貼

商周出版

讀者回函卡

感謝您購買我們出版的書籍！請費心填寫此回函卡，我們將不定期寄上城邦集團最新的出版訊息。

不定期好禮相贈！
立即加入：商周出版
Facebook 粉絲團

姓名：＿＿＿＿＿＿＿＿＿＿ 性別：□男 □女

生日：西元＿＿＿＿年＿＿＿＿月＿＿＿＿日

地址：＿＿＿＿＿＿＿＿＿＿

聯絡電話：＿＿＿＿＿＿＿＿ 傳真：＿＿＿＿＿＿＿＿

E-mail ：＿＿＿＿＿＿＿＿＿＿

學歷：□ 1. 小學 □ 2. 國中 □ 3. 高中 □ 4. 大學 □ 5. 研究所以上

職業：□ 1. 學生 □ 2. 軍公教 □ 3. 服務 □ 4. 金融 □ 5. 製造 □ 6. 資訊
□ 7. 傳播 □ 8. 自由業 □ 9. 農漁牧 □ 10. 家管 □ 11. 退休
□ 12. 其他＿＿＿＿＿＿＿＿

您從何種方式得知本書消息？

□ 1. 書店 □ 2. 網路 □ 3. 報紙 □ 4. 雜誌 □ 5. 廣播 □ 6. 電視
□ 7. 親友推薦 □ 8. 其他＿＿＿＿＿＿＿＿

您通常以何種方式購書？

□ 1. 書店 □ 2. 網路 □ 3. 傳真訂購 □ 4. 郵局劃撥 □ 5. 其他＿＿＿＿

您喜歡閱讀那些類別的書籍？

□ 1. 財經商業 □ 2. 自然科學 □ 3. 歷史 □ 4. 法律 □ 5. 文學
□ 6. 休閒旅遊 □ 7. 小說 □ 8. 人物傳記 □ 9. 生活、勵志 □ 10. 其他

對我們的建議：＿＿＿＿＿＿＿＿＿＿

請於此處用膠水黏貼